COLONIE AGRICOLE

DE LA

GRANDE-TRAPPE.

COLONIE AGRICOLE

MONASTIQUE,

Fondée à la GRANDE-TRAPPE, près Mortagne (Orne),

Pour les Jeunes Détenus!

In Semine spes.
L'espérance est dans la Semence.

AGRICULTURE MONASTIQUE.

Crux et Aratrum.
La Croix et la Charrue.

Par le Docteur DEBREYNE.

Se vend au profit de la Colonie.

PARIS

Chez Mme veuve POUSSIELGUE-RUSAND, rue St.-Sulpice, 23
Et à la GRANDE-TRAPPE, près Mortagne (Orne).

1856.

AUTRES OUVRAGES DE L'AUTEUR.

PRÉCIS DE PHYSIOLOGIE CATHOLIQUE ET PHILOSOPHIQUE, suivi d'un CODE D'HYGIÈNE PRATIQUE. Troisième édition, revue, corrigée et augmentée. Un fort vol. in-8°.
> Chez Mme Ve Poussielgue-Rusand, rue Saint-Sulpice, 23, à Paris.

PENSÉES D'UN CROYANT CATHOLIQUE, ou Considérations philosophiques, morales et religieuses sur le matérialisme moderne et divers autres sujets, tel que l'âme des bêtes, la phrénologie, le suicide, le duel et le magnétisme animal. Troisième édition, notablement augmentée. Un fort vol. in-8°.
> Chez Mme Ve Poussielgue-Rusand, rue Saint-Sulpice, 23, à Paris.

ESSAI PHILOSOPHIQUE sur l'influence comparative du régime végétal et du régime animal, sur le physique et sur le moral de l'homme; ou aperçu général sur l'influence que le régime alimentaire peut exercer sur la civilisation, les mœurs, l'éducation, la politique, la guerre, chez les différents peuples du globe. Un vol. in-8°.
> Chez Mme Ve Poussielgue-Rusand, rue Saint-Sulpice, 23, à Paris.

LE PRÊTRE ET LE MÉDECIN DEVANT LA SOCIÉTÉ. Un fort vol. in-8°.
> Chez Mme Ve Poussielgue-Rusand, rue Saint-Sulpice, 23, à Paris.

DU SUICIDE ET DU DUEL considérés aux points de vue philosophique, religieux, moral et social. Un vol. in-8°.
> Chez Mme Ve Poussielgue-Rusand, rue Saint-Sulpice, 23, à Paris.

LE SALUT DE LA FRANCE. Brochure in-8°.
> Chez Mme Ve Poussielgue-Rusand, rue Saint-Sulpice, 23, à Paris.

THÉORIE BIBLIQUE de la Cosmogonie et de la Géologie. Doctrine nouvelle fondée sur un principe unique et universel puisé dans la Bible. Un vol. in-8°.
> Chez Mme Ve Poussielgue-Rusand, rue Saint-Sulpice, 23, à Paris.

ÉTUDE DE LA MORT, ou Initiation du prêtre à la connaissance pratique des maladies graves et mortelles; et de tout ce qui, sous ce rapport, peut se rattacher à l'exercice du saint ministère. Ouvrage spécialement destiné aux ecclésiastiques qui ont charge d'âmes. Un fort vol. in-8°.
> Chez Mme Ve Poussielgue-Rusand, rue Saint-Sulpice, 23, à Paris.

ESSAI SUR LA THÉOLOGIE MORALE, considérée dans ses rapports avec la physiologie et la médecine. Ouvrage spécialement destiné au clergé. Quatrième édition, revue, corrigée et notablement augmentée. Un fort volume in-8°.
> Chez Mme Ve Poussielgue-Rusand, rue Saint-Sulpice, 23, à Paris.

MOECHIALOGIE, ou Traité des péchés contre les sixième et neuvième commandements du Décalogue, et de toutes les questions matrimoniales qui s'y rattachent directement et indirectement; suivi d'un Abrégé pratique d'Embryologie sacrée. Ouvrage mis à la hauteur des sciences physiologiques, naturelles, médicales et de la législation moderne. Ce livre est exclusivement destiné au clergé. Un fort vol in-8°, 2e édition, revue, corrigée et considérablement augmentée.
> Chez Mme Ve Poussielgue-Rusand, rue Saint-Sulpice, 23, à Paris.

EXAMEN de la question de l'Opération césarienne posthume, ou du Baptême des enfants, dont les mères meurent avant la parturition. Cette question est examinée aux points de vue légal, médical, théologique, moral et social. Opuscule in-8° destiné aux prêtres et aux médecins.
> Chez Mme Ve Poussielgue-Rusand, rue Saint-Sulpice, 23, à Paris.

THÉRAPEUTIQUE APPLIQUÉE, ou Traitements spéciaux de la plupart des maladies chroniques. Quatrième édition, revue, corrigée et notablement augmentée. Un vol. in-8°.
> Chez Mme Ve Poussielgue-Rusand, rue Saint-Sulpice, 23, à Paris.
> Et chez Baillière, rue Hautefeuille, 19, à Paris.

ESSAI analytique et synthétique sur la Doctrine des Éléments morbides considérés dans leur application thérapeutique. Un fort vol. in-8°.
> Chez Baillière, rue Hautefeuille, 19, à Paris,

DES VERTUS THÉRAPEUTIQUES DE LA BELLADONE. Un vol. in-8°. Ouvrage couronné en Belgique (Médaille d'or). Chez Baillière, rue Hautefeuille, 19, à Paris.

COLONIE AGRICOLE

MONASTIQUE

FONDÉE A LA GRANDE-TRAPPE

Près Mortagne (*Orne*),

Pour les Jeunes Détenus.

AGRICULTURE MONASTIQUE.

SOMMAIRE.

Nécessité de la destruction complète et radicale de tous les éléments du socialisme, par la réhabilitation de tous les devoirs et du respect de la famille et de la propriété — C'est là le moyen nécessaire d'arriver à la solution définitive du grand problême social qui aujourd'hui agite et préoccupe si vivement le monde. — Cet heureux résultat ne pourra être obtenu que par l'éducation religieuse et morale de la génération naissante. -- Il faut régénérer la société dans et par ses éléments : l'espérance est dans la semence. - Nécessité de relever et de faire progresser l'agriculture en France. — Agriculture monastique. — Progrès agricoles réalisés par les Trappistes. — Leur mission spéciale, non-seulement d'agriculture, mais encore de colonisation, c'est-à-dire pour la fondation de colonies agricoles pour les jeunes détenus — Discipline militaire de la Colonie de la Trappe. — Nécessité sociale et politique des Colonies Agricoles, comme moyen de régénération religieuse et morale des populations rurales. — Leur succès certain et durable n'est possible que sous l'empire de l'élément monastique et de l'esprit d'association. — Il est aujourd'hui admis en économie politique et sociale, que l'association est une des lois, un des besoins de l'humanité. — Le type le plus parfait de l'association, c'est la société Pérenne de moines agriculteurs, comme celle des Bénédictins et des Cisterciens d'autrefois et des Trappistes d'aujourd'hui. — La question agricole est devenue aujourd'hui, pour la France, une question de vie ou de mort, c'est-à-dire que l'agriculture est devenue une loi de salut public, de conservation sociale. — Le labourage et le pâturage, disait Sully, sont les deux mamelles de la France. Sans doute ; mais si ces mamelles venaient à tarir, nous serions exposés à mourir de faim au milieu de toutes nos richesses industrielles : l'expérience de chaque année le prouve surabondamment. — Les ressources tirées du sol français ne répondent plus aux exi-

gences de notre civilisation et des besoins d'une population toujours croissante, etc. — Conclusion de ce Sommaire : la Religion et l'Agriculture sont les deux plus grandes puissances civilisatrices du monde ; les instruments en sont la Croix et la Charrue, CRUX ET ARATRUM.

En 1849, M. Corne, représentant du peuple, dans son rapport sur le projet de loi relatif aux jeunes détenus, s'exprimait ainsi : « Le nombre d'enfants que la misère et l'immoralité de leurs parents ou de mauvaises inclinations poussent de bonne heure à la mendicité, au vagabondage, à des habitudes d'indiscipline et de violence, à des larcins de tout genre, est malheureusement considérable ; on les compte par milliers dans les maisons d'arrêt et dans les maisons centrales de détention. »

Si ces paroles n'étonnent pas, les suivantes du même rapporteur affligent et désolent : « Les maisons d'arrêt.... où se rencontrent les degrés les plus divers de perversité, depuis le fraudeur et le vagabond jusqu'au faussaire et à l'assassin, sont des demeures dangereuses pour l'homme dont la dépravation n'est pas consommée, pour *l'enfant* surtout si facile à toutes les impressions... Il faut bien le dire : la réprobation s'attache au nom de *maison centrale*. C'est elle, avec son pêle-mêle de vices et de penchants criminels ; c'est elle encore, avec sa discipline sévère, rude même, mais qui ne procède que par intimidation, c'est elle qui ne relève pas des natures tombées, et qui surtout est impuissante à pénétrer et à échauffer des sentiments honnêtes et religieux, l'âme des pauvres enfants privés de toutes les bonnes inspirations de la famille. » Ailleurs M. Corne ajoute que *les jeunes gens se corrompent sans retour dans l'effroyable milieu des maisons centrales*. Voilà un document officiel qui nous révèle une immense plaie sociale : oui, une plaie qui s'agrandit démesurément chaque année. Qui pourra la fermer cette plaie hideuse ? Qui guérira ce chancre affreux qui ronge et dévore peu à peu la Société ? *Qui soufflera sur ces ossements arides pour les ranimer* (*) ? La puissance régénératrice de la Religion. « Nulle puissance humaine, a écrit M. de Tocqueville, un des fondateurs de Mettray, n'est comparable à la Religion pour opérer la réforme des criminels, et c'est sur elle surtout que repose l'avenir de la réforme pénitentiaire. »

Il y a trois classes d'enfants dont la Société doit avant tout prendre soin : les orphelins qui ont perdu leurs parents ; les enfants trouvés qui ne les ont jamais connus ; et les jeunes détenus auxquels il faut les faire oublier, puisque c'est l'influence de leurs parents

---

(*) Nous entendons parler ici bien moins de ces nombreux enfants qu'on ramasse sur la voie publique et qui ne sont ordinairement coupables que de délits de mendicité ou de vagabondage, que de ceux qui peuplent les maisons centrales, où ils se pervertissent et se corrompent le plus souvent avant leur sortie de ces antres de vices et de corruption. Il serait donc très-important que les jeunes condamnés ne passassent que le moins possible par le milieu infect et pestilentiel des maisons centrales.

mêmes qui le plus souvent a été la cause de leur perte. Il résulte des documents fournis au gouvernement par les directeurs de Mettray, que, dans le nombre des jeunes détenus de cette colonie célèbre, près d'un quart est formé d'enfants trouvés ou abandonnés, et le reste, d'enfants qui ont été poussés au mal par leur famille, et dont les parents expient leurs propres fautes dans les prisons ou dans les maisons centrales.

C'est une chose triste à dire : il y a en France, à l'heure qu'il est, des milliers d'enfants dont la corruption précoce effraie la Société ; de petits *Socialistes* qui se déclarent déjà hostiles aux lois, à la propriété, à la famille ; qui s'élèvent déjà menaçants par leurs passions mauvaises et par leur perversité naissante. Voilà le mal, mal grave, mal immense. Cherchons en le remède.

La destruction complète et radicale de tous les éléments du Socialisme (*), la réhabilitation de tous les devoirs, le respect de la famille et de la propriété, voilà le triple but que dans toute conception d'utilité publique, l'on doit constamment se proposer. Atteindre

---

(*) On peut dire que le socialisme , qui existe toujours en germe, non-seulement en France, mais encore dans toute l'Europe, n'est qu'une forme de la révolution, comme la révolution elle-même , n'est qu'une forme du paganisme. Voici à ce sujet les paroles fort remarquables d'un écrivain célèbre, du R. P. Ventura : « La révolution c'est le paganisme. Or, le paganisme ou cette révolution.....commencée par un fanatisme aveugle pour les auteurs païens que, à la fin du 15ᵐᵉ siècle, les Orientaux échappés de Constantinople apportèrent et inoculèrent en Occident, s'y est, à peu près, glissé partout et y a tout envahi : la philosophie d'abord ; et de là le matérialisme, l'idéalisme, le rationa-

ce but n'est-ce pas arriver à la solution définitive du grand problème social qui aujourd'hui agite et préoccupe si vivement le monde ? Or, pour obtenir cet heureux résultat, il faut sortir du domaine des utopies ; il faut embrasser des réalités positives ; il faut en un mot saisir le côté pratique de la question : c'est-à-dire que cette solution définitive tant désirée par toutes les âmes honnêtes, et d'où dépend l'existence politique même de la Société, ne pourra recevoir sa pleine et entière réalisation que par l'éducation religieuse et morale de la jeunesse, et particulièrement des jeunes enfants. Il faut régénérer la Société dans et par ses éléments; l'espérance est dans la semence : *In Semine spes.*

« On a prodigieusement écrit, disserté, déclamé sur la réforme des prisons, sur le sort des criminels âgés et endurcis, sur le régime des bagnes et des maisons centrales ; qu'on écrive, qu'on disserte et qu'on déclame plus encore ; il est évident que, si on ne débute par s'occuper des jeunes délinquants , on aborde la question par le travers et on oublie de commencer par

---

lisme, le panthéisme ou tout simplement l'athéisme : la religion ensuite; et de là , le protestantisme: et enfin la politique ; et de là le despotisme et l'anarchie dont, dans ces derniers temps , l'Europe a eu tant à souffrir, et le socialisme et le communisme, dont elle est menacée.

« M. Nodier a dit quelque part : *La révolution française n'a été que l'application des idées païennes du collège à la Société.* Rien de plus sensé n'a jamais été dit sur les vraies causes de la révolution française. Malheur à ceux qui ne veulent pas le comprendre. » (*La femme catholique.* T. 1er pag. 50 , 1855).

le commencement. Il est utile de tâcher d'arrêter dans la voie du crime ceux qui s'y sont depuis long-temps engagés, mais il est plus nécessaire encore d'en détourner ceux qui n'y ont fait que les premiers pas. »

(Auguste Cochin.)

Pour former de bons citoyens d'un si grand nombre d'enfants déjà livrés au vice et à la paresse, deux choses sont nécessaires : la religion et le travail. La Religion rendra les enfants vertueux et probes ; et le travail en fera des hommes économes et laborieux. De là les premiers éléments de la famille et de la propriété, et par conséquent du bien être des peuples.

Voilà en deux mots, selon nous, la clef de voûte de tout l'édifice social et le principe de toute bonne économie politique. Donnons quelques développement à ces propositions générales.

La Religion et l'Agriculture, le prêtre et le laboureur, symbolisés par la croix et la charrue, voilà les deux grands instruments de civilisation et de moralisation. On pourrait même dire, d'une manière plus générale : le prêtre, le laboureur et le soldat ; ou, la croix, la charrue et l'épée. Et en effet, n'a-t-on pas rencontré ces trois instruments de civilisation dans la fameuse république du Paraguay fondée jadis par les Jésuites, république admirable qui n'a jamais eu son égale sur la terre ? « Quelques pauvres prêtres, pénétrant, une croix de bois à la main, dans des contrées incultes (le Paraguay) habitées par de féroces sauvages, y créèrent par le seul pouvoir de la vérité et de la vertu une république si parfaite, que, dans ses rêves les plus brillants, l'imagination ne s'était jamais rien représenté de semblable. On eût cru voir quelques fortunés enfants d'Adam, échappés à la malédiction qui frappa sa race, jouir en paix de l'innocence et du bonheur qui la suit, dans les bosquets d'Éden » *(Indifférence)*.

Nous avons dit que les Jésuites avaient ajouté l'épée à la croix et à la charrue ; car ces grands civilisateurs, après avoir défriché le sol du Paraguay, avaient créé une véritable armée avec de l'artillerie, pour défendre ce qu'ils avaient fondé et fertilisé par leurs sueurs et par la puissance de leur incomparable industrie. Mais laissons là le système des Jésuites qui ont accompli leur œuvre civilisatrice sous l'empire de temps, de circonstances et de lieux bien loin de nous. Bornons nous ici à nos deux puissants éléments civilisateurs, la religion et l'agriculture, le moine et l'agriculteur, la croix et la charrue.

Quand nous disons que, dans un bon système de civilisation et de moralisation, la religion doit passer avant tout, nous n'entendons parler que du catholicisme et non de toute secte chrétienne, ni même du protestantisme anglican. C'est donc la religion catholique, c'est donc la croix qui est à la fois le signe et l'instrument de la régénération religieuse, morale, intellectuelle et sociale de l'homme et des peuples, c'est-à-dire de la vraie liberté et de la vraie civilisation du genre humain.

Qu'était le monde avant l'apparition de ce signe

de salut universel ? l'image complète du désordre moral et social, ou plutôt c'était le désordre même, personnifié, déifié. Les trois quarts du genre humain étaient les esclaves et la propriété mobilière des autres, c'est-à-dire de maîtres capricieux, durs et cruels. Tous les vices divinisés, le libertinage publiquement autorisé et encouragé, les assassinats juridiques, l'infanticide légal, n'étaient qu'une partie des maux affreux et incroyables qui pesaient sur l'humanité tout entière.

Qv'est-ce qui a sauvé le monde ? Un homme peu suspect, Montloisier nous répond : *c'est une croix de bois qui a sauvé le monde.* Comment le monde s'est-il civilisé ? Par la croix. Comment civilise-t-on encore aujourd'hui les sauvages ? Par la croix. Un missionnaire catholique se présente au milieu d'une horde d'anthropophages, plante une croix de bois sur une éminence, se met à genoux et prie, et soudain une vertu divine sort de ce bois qui paraît vil et méprisable, *contemptibile lignum* (sap. X-4), amollit les cœurs des sauvages ; change des bêtes brutes en hommes, et puis en chrétiens et en vrais adorateurs de la croix qui les a humanisés et sauvés.

Mais qu'était la femme avant l'heureux avénement de la croix, au milieu de cette corruption universelle, de cette espèce d'enfer de ce monde, dont nous ne pouvons au sein du Christianisme, nous faire une juste idée ? La femme était l'esclave la plus absolue, une espèce de bête de somme, un meuble vivant, une chose, *res*, comme on disait alors ; oui une chose qu'on vendait et qu'on achetait. La femme n'était pas une personne. (1) Sa personnalité et sa liberté humaine ne lui ont été rendues que par le Christianisme, ou par la vertu de la croix. De là cet instinct secret qui, une fois éveillé, éclairé et développé par la foi , porte la femme avec tant de zèle et d'empressement au catholicisme et à la pratique de toutes les vertus qu'il commande.

Et quelle différence encore aujourd'hui même entre la femme catholique et la femme protestante ! La femme protestante, est généralement peu honorée, presque avilie, même souvent dans la haute classe, où elle n'est que la première servante de la maison. Et la raison en est claire, évidente : c'est que le culte de Marie, qui élève et glorifie la femme, y est aboli, la virginité méprisée, et les lois de la famille chrétienne presque entièrement méconnues. (2)

---

(1) Dans la pensée des anciens païens, quelque chose d'ignoble, de méchant, de pervers, de bestial s'attachait à la nature de la femme. Suivant Pythagore, le principe bon a créé l'ordre, la lumière et l'homme ; et le principe mauvais a fait le désordre, les ténèbres et la femme. D'après cela, il n'est pas étonnant que le paganisme ait toujours traité la femme comme une bête, un animal de service. Dans certaines contrées de la Tartarie, la femme est attachée par une longue chaîne de fer, comme le chien de la maison, avec cette différence qu'on lâche le chien pendant la nuit, mais la femme jamais.

(2) On sait que la législation protestante autorise le divorce, et par conséquent la bigamie. Voilà donc les protestants en flagrante opposition avec l'Écriture qu'ils admettent comme seule et unique règle de leur foi.

La femme catholique, au contraire, surtout en France, est l'objet d'un culte d'honneur et de respect universel ; et ce reflet de gloire lui revient de son grand amour pour la Très-Ste Vierge ; car, de toutes les femmes catholiques, la femme française est sans contredit la plus dévouée au culte de Marie. Qu'elle en soit bénie !

Passons maintenant à l'autre instrument de civilisation, à la charrue. Cet autre bois vil et méprisable qui dompte le sol, comme le bois de la croix a dompté le monde, *domuit mundum non ferro sed ligno*, comme dit S^t. Augustin ; cet autre bois dis-je, ou la charrue, fixe les hommes nomades au sol, les rassemble en société, leur inspire le goût de l'ordre, de l'économie, l'amour de la propriété rurale et des habitudes de la famille. (*) C'est la charrue du moine qui a défriché l'Europe. C'est un fait reconnu par tout le monde, et même par les ennemis des moines. « La plupart des grands établissements monastiques, disait Mirabeau en 1790, n'étaient autrefois que des déserts, et nous devons aux premiers cénobites le défrichement de plus de la moitié de nos terres. » Machiavel affirmait que

---

(*) C'est l'affaiblissement de l'esprit de famille et l'oubli des devoirs que Dieu et la nature imposent aux pères de famille, qui sont la cause d'une infinité de maux qui gangrènent la société moderne. De là l'éducation mauvaise ou fausse dans les sommités sociales ; et dans les classes inférieures, une coupable incurie, ou l'absence complète de toute éducation sérieuse. De là des désordres en haut, des misères en bas, des vices partout et des vertus presque nulle part.

les moines ont civilisé l'Europe et changé les desti-
nées du monde. Or, de telles œuvres ne s'opèrent
pas sans le secours de l'agriculture.

Si jadis le Clergé et l'Etat monastique étaient puissants par la richesse et la possession foncière, c'est
que, lorsque ces terres leur furent concédées, elles
étaient à peu près de nulle valeur, puisque une
grande partie de la France était encore déserte ; il
fallait donc les mettre en culture : et c'était la tâche
qui incombait au moines. Aujourd'hui même, il y a
encore, en France, huit à neuf millions d'hectares de
terres incultes qui ne demandent que des bras et
quelques secours d'argent pour offrir une richesse
plus que suffisante pour faire face à tous les besoins
de la France, et pour rassurer les économistes ef-
frayés des progrès toujours croissants de la population
française. La France, si elle était bien et entièrement cultivée, pourrait nourrir cinquante millions
d'habitants.

Aujourd'hui, grâce à tous les progrès de la chi-
mie, aux nouveaux engrais, (*) aux nouvelles
méthodes de culture et au perfectionnement des instruments aratoires, presque toutes les terres peuvent
devenir fertiles, si elles sont bien cultivées.

Il faut enfin que l'agriculture donne un démenti
formel à Malthus qui dit qu'au grand banquet de la
nature il n'y a pas de couvert pour tout le monde.
C'est un blasphême contre la nature et contre
l'humanité.

(*) On l'a dit : *l'engrais c'est le pain.*

Quand donc comprendra-t-on que la richesse réelle est dans le sol français , bien plus que dans la Californie ou l'Australie ? Et quand cessera-t-on donc aussi de sacrifier le premier, le plus noble et le plus nécessaire des arts , à l'industrie , aux usines et aux fabriques qui favorisent le luxe, démoralisent le peuple et l'abandonnent à la misère en l'agglomérant dans les grandes cités où il devient trop souvent l'instrument aveugle et brutal de troubles politiques, d'émeutes ou même de sanglantes révolutions ?

Si l'on ne peut encore attirer dans les campagnes tant de bras perdus dans les ateliers et les usines destinés au luxe, qu'on ait au moins la sagesse de profiter de l'enseignement de l'histoire qui nous apprend, je le répète, que les moines ont défriché l'Europe. Le Gendre, dans ses *mœurs et coutumes des Français*, fait remarquer que les grandes abbayes ne coûtèrent pas beaucoup à fonder ; on cédait des terrains stériles ou ingrats à des moines qui s'employaient de toutes leurs forces à dessécher, à défricher, planter, bâtir, bien moins pour goûter les douceurs de la vie, car ils vivaient dans la frugalité, que pour venir au secours des pauvres.

Les prêtres et les moines , dit l'historien Reiffenberg, vinrent adoucir les mœurs des peuples farouches, réparer de grands désastres, relever les ruines, défricher les landes et les forêts, peupler les solitudes etc.

« Ces monastères, dit Warnkœnig, qui plus tard se transformèrent en opulentes Abbayes peuplées de moines de S'.-Benoît, devinrent le centre de la culture du pays et de la civilisation de ses habitants ; ce sont leurs serfs et sujets *(mancipia et hospites)* qui ont défriché les bois, desséché les marais, fertilisé le sol sabloneux et conquis sur la mer les premiers *polders*.. Des centaines de diplômes indiquent quelle immense étendue de marais (moeren) et de landes ou de bruyères (Woestynen) fut rendue productive par les abbayes des Bénédictins et d'autres religieux, qui en obtinrent la donation, et attestent combien ces établissements pieux furent utiles à l'agriculture du pays. »

Dès la fin du XIe siècle, les Chartreux semaient sur des monts depuis longtemps stériles, improductifs et inhabitables, des sapins, des pins, des mélèzes, des platanes et d'autres grands arbres qui nous fournissent aujourd'hui du bois pour la construction de nos vaisseaux ; créaient tout un système forestier, opposaient des digues aux courants, jetaient des ponts sur les abîmes, traçaient des routes etc. (Dubois.)

Voici le récit de l'œuvre prodigieuse d'un simple moine : il est tiré de *l'histoire de Prusse* par Voigt.

Le pays traversé par la Vistule et le Nogat était envahi par des marais et des fondrières qui le rendaient stérile et malsain. Ces marécages étaient entretenus par les débordements irréguliers et impétueux des deux rivières. Le frère Meinhard entreprit d'y porter remède. Pour cela, il fallait, sur une longueur de plusieurs lieues, souvent à travers des marais sans fond, encaisser les deux rivières dans des digues infranchissables et éternelles. C'était une œuvre gigantesque ; le frère Meinhard l'entreprit en 1288. Chaque jour, six années durant, des milliers d'hommes et des milliers de chariots y travaillaient sans relâche jusqu'à ce qu'enfin, l'an 1294, cette immense entreprise fût heureusement terminée. Et les digues du frère Meinhard subsistent encore depuis près de six cents ans. Pour peupler et cultiver cette terre conquise sur les eaux, il promit une exemption complète de tous services et de toutes redevances, pendant cinq ans, à tous ceux qui voudraient s'y établir. Les Allemands y vinrent en foule, et par leur industrie transformèrent ces marécages en un nouveau paradis terrestre. Et aujourd'hui encore, la Prusse doit la plus belle et la plus fertile de ses contrées à un moine catholique du XIIIe siècle. Il nous faudrait aujourd'hui un nouveau frère Meinhard pour fertiliser les marécages de la Sologne. Car, à notre époque de décadence agricole, pour donner une nouvelle impulsion à l'agriculture, il faudrait presque partout de grands travaux de défrichement ; dans quelques contrées sèches, d'irrigation ; dans beaucoup d'autres, de dessèchement, de drainage, d'endiguement, de reboisement etc.

Ce que l'on a fait pour ces immenses marécages de la Prusse, on l'a pratiqué pour presque tous les autres de l'Europe, dont la culture était jusque là réputée impossible, car alors rien n'était impossible aux moines. Les Seigneurs de ce temps-là (moyen âge) donnaient aux religieux des terres indéfrichables, malsaines, affreuses ; ils les y attiraient en y

construisant des monastères, autour desquels se sont
formés peu à peu des villages et même jusqu'à des
villes assez considérables. Ensuite ces terres, travail-
lées et fertilisées par le labeur incessant et opiniâtre
des religieux, excitaient la convoitise des héritiers des
donateurs, ou de quelque voisin rapace ; et ainsi
ils se voyaient ordinairement dépouillés de leurs meilleures cultures : C'était le *Sic vos non nobis* de ce
temps là. Ces terres étaient érigées en baronies, en
comtés, et l'on s'efforçait d'effacer l'origine monastique de ces fruits de rapine et de déprédation. Heureux encore quand les moines recevaient en dédomma-
gement quelque autre désert ou marécage à cultiver !

Ce sont des Cisterciens français qui ont défriché les
terres de la Pologne au milieu du XIIe siècle, et qui y
ont déposé tous les germes de la civilisation chrétienne.
Ces jours-ci même (en Novembre 1855), une Prin-
cesse polonaise a écrit au directeur de la colonie agricole de la Grande-Trappe, pour lui demander des
instructions relatives à l'établissement d'une colonie
agricole qu'elle se propose de créer dans son pays. Le
Souverain Pontife a déjà aussi manifesté le désir d'avoir
dans ses états une maison de Trappistes avec une colonie agricole monastique. L'Etat monastique n'est donc
pas une institution inutile et anti-sociale. « Jamais, dit
M. de Maistre, il n'y eut d'idée plus heureuse que celle
de réunir des citoyens pacifiques qui travaillent, prient,
étudient, écrivent, font l'aumône, *cultivent la terre*
et ne demandent rien à l'autorité. »

Voici une appréciation exacte de l'utilité temporelle

et politique des Communautés religieuses , faite par un protestant célèbre, le savant Deluc : « les travaux qui demandent du temps et de la peine sont toujours mieux exécutés par des hommes qui agissent en commun que lorsqu'ils travaillent séparément. Il y a plus de dessein, plus de constance à suivre le même plan, plus de force à vaincre les obstacles et plus d'économie. Il est des entreprises qui ne peuvent être exécutées que par un corps, ou par une société vivant sous la même règle.... Ainsi j'ai peine à croire qu'aucune colonie puisse atteindre au même degré de prospérité qu'un Couvent... Sans l'exactitude à suivre une règle, les plus grandes ressources sont inefficaces, leurs effets s'éparpillent , pour ainsi dire, et ne tendent plus au bien commun....

« Si nous remontions à l'origine de la plupart des monastères rustiques, nous trouverions probablement que leurs premiers habitants ont été *défricheurs*, que c'est à eux et à la bonne conduite de leurs successeurs que les couvents sont redevables des biens dont ils jouissent. Et pourquoi n'en jouiraient-ils pas? Imitons-les sans être jaloux. Si leurs possessions appartenaient à un seigneur, cela n'exciterait aucun murmure et ne donnerait lieu à aucune satire. Pourquoi n'en est-il pas de même à l'égard d'un couvent ? Quant à moi, je vois ces établissements avec d'autant plus de plaisir, que ce n'est pas la jouissance d'un seul homme, mais de plusieurs, et, sous ce point de vue, je ne saurais leur souhaiter trop de bonheur.. Je ne vois pas en quoi les religieux empiétent sur le bonheur des autres hommes ; mais je vois que dans leur état ils ont beaucoup de ce bonheur tranquille, qui est méprisé par un grand nombre d'hommes...

« Sans le lien salutaire de la religion, l'on tenterait vainement de former de pareilles sociétés ; celles qui ne seraient formées que par des conventions, ne tiendraient pas longtemps. L'homme est trop inconstant pour s'asservir à la règle lorsqu'il peut l'enfreindre impunément : or, il faut que dans l'enceinte où doit s'observer la règle, tout y soit soumis. La religion seule, soit par sa forme naturelle, soit par le poids de l'opinion publique, doit produire cet heureux effet. Dans le cloître, qui voudrait violer la règle, est contenu par la société entière, qui a besoin de la considération publique pour relever la médiocrité de son état. Je suis donc charmé que les protestants aient conservé les cloîtres en Allemagne. et je voudrais voir ces établissements partout. » (*Lettres sur l'histoire de la terre et de l'homme*. T. 4.) N'oubliez pas que c'est un protestant qui tient ce langage.

« Les Bénédictins, dit Voltaire, transcrivirent *quelques* livres ; peu à peu il sortit des monastères des inventions utiles ; d'ailleurs, les religieux *cultivaient la terre*, chantaient les louanges de Dieu, vivaient sobrement, étaient hospitaliers. » (*Essai sur l'histoire générale*).

« Nos campagnes, dit M. de Chateaubriand, sont en partie redevables de leurs moissons et de leurs troupeaux au travail des moines. Le spectacle de plusieurs milliers de religieux, cultivant la terre, mina peu à peu ce préjugé barbare qui attachait le mépris à l'art qui nourrit les hommes. Le paysan apprit dans les monastères à retourner la glèbe et à fertiliser le sillon. Les moines furent donc réellement les pères de l'agriculture, et comme laboureurs eux-mêmes et comme les premiers maîtres de nos laboureurs... Les plus belles cultures, les paysans les plus riches, les mieux nourris et les moins vexés, les équipages champêtres les plus parfaits, les troupeaux les plus gras, les fermes les mieux entretenues, se trouvaient dans les abbayes. » (*Génie du Christ*. Liv. VI. Chap. 7.)

Ce qu'il y a de certain, c'est qu'une des principales causes du paupérisme, de ce chancre qui dévore la société, c'est la suppression des ordres monastiques, surtout des ordres cultivateurs ou *travailleurs*, comme on dit aujourd'hui : tels sont les Bénédictins et particulièrement les Cisterciens, ressuscités dans ce siècle sous le nom de *Trappistes*. (1)

Ces sortes de congrégations, outre qu'elles nourrissaient les pauvres, défrichaient les terres incultes

---

(1) Il y a aujourd'hui, en France, deux observances ou congrégations de Trappistes. La première est la primitive et la stricte observance de Cîteaux : le chef-lieu en est la Grande-Trappe près Mortagne (Orne). Les Trappistes qui suivent cette observance sont les véritables descendants de Saint Benoît et de Saint Bernard et sont par conséquent les successeurs des anciens cisterciens. La seconde observance de Trappistes, ou l'observance mitigée, a pour fondateur l'abbé de Rancé qui, comme on sait, vécut sous Louis XIV. Ils ne suivent donc point, comme l'autre observance, littéralement la règle de St. Benoît et de St. Bernard, ou des anciens Cisterciens, mais celle de l'abbé de Rancé.

et abandonnées. Aujourd'hui, les terres restent incultes et les pauvres meurent de faim dans le temps de disette. Rappelez-vous ce qui s'est passé en Angleterre et surtout en Irlande depuis 1846. D'après le journal *l'Univers* (1847), 245,000 Irlandais sont morts de faim dans l'espace de soixante jours. Si les landes de la Bretagne, du Midi, de Bordeaux ; si les marais de la Sologne et tant d'autres plages stériles et abandonnées avaient été cultivées sous la direction de sociétés de moines agriculteurs, croyez-vous que nous eussions éprouvé ces deux grandes et récentes disettes qui ont si vivement préoccupé et alarmé la France ? Et d'ailleurs, n'y a-t-il pas désormais chaque année un déficit effrayant dans les céréales ?

Quarante cénobites cisterciens (Trappistes) dans le comté de Leicester en Angleterre, ont à eux seuls et en peu de temps, défriché 280 acres de très-mauvaises terres qu'ils cultivent de leurs propres mains, s'occupant aussi très-activement de l'élève du bétail et des chevaux. Pendant l'année 1848, ils ont distribué des aliments à 32,000 personnes et ils en ont hébergé plus de 7,000. En 1847, pendant la grande cherté des vivres, 56,000 individus ont reçu d'eux des secours en nature, et 12,000 ont trouvé une cordiale hospitalité dans le couvent et ses dépendances. Il faut ajouter que ces religieux exercent la charité envers tous, sans distinction de religion, et que l'immense majorité des personnes auxquelles ils prodiguent leurs secours, appartiennent aux cultes dissidents. (Voir le compte-rendu par *l'Univers*, mai 1849).

Cîteaux, dit M. Dubois, dans *Histoire de Morimond*, pour peupler ses deux mille monastères (1) et ses huit mille granges (fermes monastiques) où l'on se livrait à tous les travaux des champs, enleva des millions de bras au glaive et à l'épée pour les donner à la charrue, à la bêche et à la faucille. La sueur du fils du manant se mêla dans le même sillon, à la sueur du fils du seigneur. L'agriculture fut réhabilitée, l'équilibre social rétabli et le monde sauvé. Aussi les nombreux monastères de Cîteaux nourrissaient un total de trois à quatre millions de pauvres. Voilà à quoi servaient les moines.

« Quand Henri VIII eut fermé les couvents et qu'il eut partagé leurs dépouilles avec ses nobles, il se demanda ce qu'il pouvait faire des pauvres ainsi privés de leur patrimoine, et il crut en débarrasser l'Angleterre en décrétant qu'ils seraient pendus. Les bourreaux se mirent à l'œuvre, et 70,000 mendiants avaient été exécutés, lorsqu'on s'aperçut que c'était écraser la tête de l'hydre, et que leur nombre apparaissait toujours plus grand. » (*l'Univers*, 20 mars 1847).

La meilleure prophylaxie contre les disettes et les famines, ce seraient sans doute les entreprises agricoles sur une vaste échelle et répandues sur tous les points de la France. Mais pour cela, il faut l'esprit d'association, il faut l'esprit de corps et de communauté ; il faut en un mot des sociétés religieuses

---

(1) Ici sont compris 500 couvents de femmes.

agricoles. Il est aujourd'hui admis, en économie politique et sociale, que l'association est une des lois, un des besoins de l'humanité ; que les hommes trouvent toujours dans l'isolement, la misère et la servitude. Or, le type le plus parfait de l'association, c'est la société *pérenne* de moines agriculteurs, comme celle des Bénédictins et des Cisterciens d'autrefois, et des Trappistes d'aujourd'hui. « Les ordres religieux, a dit dernièrement *l'Univers* (juin 1854), seraient l'instrument facile de la grande culture. Ils ont défriché l'Europe et y ont laissé de magnifiques méthodes d'exploitation. Ils renouvelleront les mêmes miracles, si on leur en donne l'occasion. Eux seuls peuvent conserver le grain sans inconvénient. Et en effet, ils ne spéculent pas, et ils produisent beaucoup plus que leur subsistance. Ils ne comptent pas leurs soins, car ils travaillent dans un but de sanctification. » — Qu'on demande aux paysans qui habitent dans le voisinage de la Grande-Trappe, de la Meilleraie, de Bricquebec, d'Aiguebelle, de Bellefontaine, de Fontgombaud et autres maisons de Trappistes, si l'agriculture n'a pas fait de progrès parmi eux, si ce n'est pas une bonne fortune pour un pays, qu'un établissement de moines laboureurs. Qui a donné l'idée de créer des colonies agricoles au milieu des tribus guerrières de l'Algérie, sinon les beaux résultats obtenus par l'orphélinat de Ben-Acknoün, sous la direction des Jésuites, et la ferme vraiment modèle des Trappistes de Staouëli ? Ce sont donc encore, à l'heure qu'il est, de simples religieux qui font faire à l'agri-

culture les progrès les plus positifs et les plus réels,
comme on le voit en France et en Afrique ; et par
la raison toute simple que les sociétés religieuses
forment des familles très-nombreuses qui ne meurent
pas et dont le patrimoine et les intérêts ne se divisent jamais. « Les institutions religieuses, disait
l'ancien ministre de l'Intérieur, M. de Persigny, qui
se dévouent à ce difficile labeur (défrichement), me
paraissent surtout devoir obtenir la préférence. Entre
les mains de ces corporations, dont les membres se
renouvellent, et qui survivent à leurs fondateurs, les
œuvres ont l'avantage de n'être pas viagères et dépendantes de la capacité, du dévouement d'un homme.
C'est là une grande considération pour l'État qui ne
peut subordonner le sort d'établissements importants
qu'il contribue à fonder et à rendre prospères, aux
accidents de la vie et de la fortune, et à la loi des
partages. » *(Extrait du rapport de M. le ministre
de l'Intérieur à l'Emperenr, 1854.)*
De tout temps il a été impossible de coloniser sans
l'élément monastique : les protestants eux-mêmes ont
senti la nécessité de cet élément éminemment coloni-
sateur. Mais après bien des essais et des efforts, ils
n'ont enfanté que les associations du Quakérisme et
de l'Hernhutisme, (Th. Clarkson, *Portrait of qua-
ker*), sortes de monastères mystico-civils, comme
dit M. Dubois, où ils ont introduit l'homme, la femme, l'enfant, la jeune fille, le jeune homme, c'est-
à-dire la promiscuité... On sait ce que sont devenus
les Saint-Simoniens, les Phalanstériens, les Fourié-

ristes, les Cabétiens avec le Phalanstère, la Phalange, les ateliers nationaux, *et cœtera*.

Les moines ont été suscités de Dieu pour initier le peuple à la vie agricole, pour lui en donner l'intelligence, l'esprit et le goût. L'ordre de Cîteaux, en particulier, avait reçu la mission providentielle de réhabiliter l'agriculture. Les Cisterciens, dit M. l'abbé Dubois, appelés par les seigneurs eux-mêmes, s'installèrent au milieu des terres féodales, dans les roseaux et les forêts, puis à force de défrichement, d'assainissement et de culture, la propriété monastique s'étendit de proche en proche jusqu'aux portes du castel ; le couvent se dressa en face du manoir, finit par le dominer et l'absorber au profit du peuple et de la royauté ou de l'État.

Voici comment l'auteur de *l'histoire de l'abbaye de Morimond* raconte le commencement de l'agriculture de Cîteaux, et ceci nous conduira plus directement à celle des Trappistes. « Cîteaux deviendra bientôt comme un vaste institut agronomique dont l'esprit passera dans ses quinze cents monastères, qui se transformeront en autant de fermes modèles régionales, et de là dans le peuple, par ses granges en fermes-écoles.

« Ainsi toute cette organisation agricole que nos réformateurs modernes ont éssayé d'établir en France à si grand frais, et jusqu'ici avec si peu de fruit, avait été réalisée par quelques cénobites, dans toute l'Europe, il y a plus de six cents ans, avec cette différence, que les moines ne demandaient pas vingt-

cinq millons par an, pour faire leurs expériences,
mais seulement des broussailles et des marais » (p.
217). Plus loin, le même auteur ajoute : « Nous a-
vons étudié les travaux des premiers cisterciens, nous
avons visité ceux qu'exécutent encore aujourd'hui
leurs successeurs, les Trappistes, et nous avons été
forcé de reconnaître que là où les moines ont planté
leurs bêches, là sont encore les colonnes d'Hercule
de l'agriculture » (226). Ailleurs encore : « Napoléon, à Sainte-Hélène, après avoir sondé sans prévention la question monastique, avec son regard
d'aigle, s'écriait : *Un grand empire comme la France
peut et doit avoir des Trappistes !* (*) Nous disons à
notre tour, non-seulement que la France peut et doit
avoir des Trappistes, mais qu'il lui en faut à cette
heure un très-grand nombre, et nous ajoutons, quoi-
que notre assertion coure risque d'être incomprise et
mal accueillie, il lui en faut sous peine de ruine et
de mort.

« Nous ne pouvons nous sauver que par un dé-
placement de population, en dérivant le trop plein
des villes manufacturières sur les campagnes, entre
le clocher du hameau et l'enceinte tutélaire du cloître.
La colonisation agricole est la seule planche de salut

(*) On nous a assuré qu'il est rapporté dans les *Mémoires* du
Comte de Las Cazes, qu'à Ste-Hélène, Napoléon avait exprmé
le regret de n'avoir pas confié l'instruction, l'éducation et l'*agriculture* à des corps religieux, à l'élément monastique. Ce vaste
génie avait donc compris que la religion et l'agriculture sont les
deux plus grandes puissances que Dieu ait données aux chefs des
peuples pour les civiliser et pour les gouverner.

qui nous reste. Or, nous avons essayé de coloniser l'Algérie avec de l'argent, des soldats, des travailleurs bien nourris et bien payés ; qu'est-il arrivé ? Lisez le rapport de Louis Reybeaud : Après un an d'existence, la colonie était tuée dans son berceau. On a offert les broussailles de la Sologne aux ouvriers de Paris sans ouvrage après la révolution de février ; on leur promettait des instruments, le vivre et le couvert : pas une famille ne s'est présentée. Pourquoi ? Parce que le peuple ne veut jamais marcher qu'à son tour. Voici l'ordre providentiel suivi pendant plus de quinze cents ans dans les sociétés européennes en fait de colonisation : 1° Conquête du sol par le sang du soldat ; 2° défrichement et fécondation du sol par la sueur des cénobites ; 3° exploitation par les bras du peuple ; ainsi, après le soldat le moine, après le moine le peuple » (p. 403). D'abord le sabre, disait le maréchal Bugeaud, et après, la croix et la charrue.

« Au milieu de nous, dit M. Adolphe Baudon, existent des établissement solitaires, où des hommes possédant une science profonde en agriculture, menant une vie laborieuse et frugale, s'occupent de défricher les terres incultes, de dessécher les marais, et d'améliorer par leurs sueurs et par leur habileté le sol déjà labouré avant eux. Ces hommes habitent en commun, sans femmes et sans enfants, s'acquittent eux-mêmes de tous les détails de la vie agricole. Vivant sans luxe, ils suffisent toujours à leurs besoins, et s'ils ont recours à la charité publique, c'est bien plutôt en faveur des pauvres qu'ils soulagent qu'en faveur d'eux-mêmes. Attachés par un lien irrévocable au genre de vie qu'ils ont volontairement adopté, ils ont un personnel nombreux, expérimenté, assuré surtout; propriétaires enfin du terrain qu'ils cultivent, ils sont stimulés par la nécessité à l'améliorer sans cesse et à en tirer le plus de profit possible. Ces hommes dont l'organisation est un chef-d'œuvre d'économie politique, sont en outre, pour la plupart, versés dans les sciences humaines, et il s'en trouve toujours un nombre suffisant pour exercer un professorat à la portée du peuple. Enfin l'élévation de leurs sentiments religieux, l'abnégation de leurs conduite, l'héroïsme de leur vie les rendent dignes de former la jeunesse et de remplir cette mission qu'on a si justement appelée un sacerdoce. Ces hommes, ce sont les Trappistes.... Ils sont constitués depuis des siècles sur le pied de Colonie agicole ; leur passé est un gage de leur avenir, et à côté d'eux il n'existe aucune autre institution qui se prête aussi facilement au service qu'on peut leur demander au nom de la société, comme au nom de la religion. »

Plus loin le même auteur ajoute « Les Trappes formeront des agriculteurs plus consommés et plus pratiques que les colonies agricoles actuelles. Établies sur de vastes domaines, elles peuvent initier leurs pupilles à la grande culture »

Voici ce que pense des Trappistes, M. Gaillardin, professeur d'histoire au Lycée impérial de Louis-le-Grand : « Ces grands hommes (les Romains) considéraient avec raison l'agriculture comme le principe de la santé et de la longévité, comme une fatigue salutaire qui, en exerçant les forces, les augmente au lieu de les diminuer. Ils la considéraient encore comme la source de la prospérité des nations et du bien-être des individus, comme la plus précieuse de toutes les ressources sociales, parce qu'elle satisfait un besoin universel et qu'elle est à la porte de toutes les classes. S'il en est ainsi, les meilleurs agriculteurs sont les citoyens les plus utiles, et l'éloge des Trappistes se trouve ainsi tout fait par des hommes qui ne les connaissaient pas. Il suffit d'avoir visité leurs monastères pour en être convaincu. Les terres les plus ingrates deviennent fertiles par leur travail ; les méthodes les plus capables d'améliorer l'art de la culture n'ont pas de partisans plus prompts et plus persévérants. Presque toujours ils ont choisi pour demeure des lieux d'horreur et de vaste solitude, *locus hororis et vastæ solitudinis ;* le mot semble consacré dans l'histoire de Cîteaux pour chaque fondation nouvelle. Ce que les autres hommes dédaignent ou désespèrent de mettre en rapport, ils l'acceptent avec confiance, et bientôt ils font mentir les prévisions les mieux fondées en apparence et les plus sinistres. Les inventions nouvelles que la routine ne veut pas comprendre, ou que la jalousie condamne, ou que la discussion fait ajourner, ils s'en emparent sagement, les mettent à l'épreuve, les perfectionnent et en tirent tous les résultats naturels. Pour expliquer cette supériorité, il ne faut que se rappeler leur genre de vie.

Leurs vertus religieuses viennent sans cesse en aide
à leurs travaux matériels. Ils ont fait vœu d'obéissance et d'abnégation ; ils travaillent sous une direction
régulière, sans arrière-pensée personnelle ; ils mettent
en commun toutes leurs forces ; les obstacles que
l'individu ne vaincra jamais cèdent aux efforts d'une
communauté. Ils ont fait vœu de pauvreté, d'obéissance, de jeûne ; ils vivent de peu, ils ne sont pas
pressés de recueillir beaucoup et vîte. Le cultivateur
isolé ou père de famille, ou assujetti aux besoins du
corps, n'a pas le temps d'attendre ; il faut qu'il
recueille en quelque mois le prix de son labeur, il
n'entreprendra pas des travaux dont le résultat, pour
être excellent a besoin d'être retardé. Le Trappiste,
libre des exigences du corps, peut attendre, et tirer
des retards même une plus grande fécondité. Plus
d'une fois, les cultivateurs du voisinage, étonnés des
entreprises des religieux, les déclaraient inutiles ou
ruineuses. Ces hommes calculaient le temps, la dépense, d'après leurs propres habitudes et leurs ressources, et ils avaient raison d'après ces calculs ;
mais il n'y a pas de temps pour la patience, ni de
dépense pour le propriétaire qui se suffit à lui-même.
C'est ainsi que les trappistes de Bricquebec, sous les
yeux de leurs voisins stupéfaits, ont défriché un
monticule et un champ de roc et de cailloux ; du roc
brisé ils ont bâti une partie de leur monastère, et du
sol amolli ils ont fait une terre qui n'a plus rien à
envier à la fertilité du département de la Manche.

« Nous parlions tout-à-l'heure de l'utilité de

l'exemple. En agriculture, comme en tout le reste, l'exemple des Trappistes est efficace et tout-puissant. Dans le temps, quelques protecteurs zélés de l'agriculture ont établi des fermes-modèles, où l'on trouve les enseignements, les secours nécessaires pour l'amélioration du premier et du plus noble de tous les arts ; on vante ces progrès de la civilisation et cette œuvre généreuse de la philanthropie. Mais avant l'invention de ce grand mot philosophique, la charité chrétienne du moine avait donné ces enseignements et ces secours à la société. Il faut remonter à Saint Benoît pour trouver la véritable origine des fermes-modèles : les moines Bénédictins ont été les premiers maîtres des cultivateurs ; la prospérité agricole de la France, en particulier, est sortie des monastères. Ceux qui faisaient profession de ne rien posséder, ont tout donné aux frères qu'ils avaient laissés dans le monde. Les Trappistes, seuls héritiers aujourd'hui de la grande famille de Saint Benoît, continuent, comme toutes les autres, cette partie de l'œuvre de leur saint patriarche. Leurs monastères sont autant de fermes-modèles ouvertes à tout le monde, d'autant plus dignes de faveur que leur établissement ne coûte rien, ni à l'État ni aux particuliers ; d'autant plus dignes de confiance que la cupidité en est bannie. Ils ont tenu quelquefois école d'agriculture sur l'invitation du gouvernement. Des comices agricoles les consultent, et l'an dernier l'abbé de la Grande-Trappe, malgré son humilité, ne put se dispenser de se rendre à Mortagne, pour prendre part aux délibérations d'une assemblée de ce genre, où on lui donna la place d'honneur, comme à l'homme le plus utile du département. Enfin un témoignage irrécusable, c'est la fondation d'un monastère de la Trappe en Algérie. » (*) (*Histoire des Trappistes du 19ᵐᵉ Siècle*, Ouvrage très-intéressant.)

Voici enfin ce que pense sur l'agriculture des Trappistes, un savant et éminent Prince de l'Église.

« Comptez, si vous le pouvez, les services rendus à la société par les maisons de la Trappe ! Comptez les champs défrichés et améliorés, les landes et les sables incultes couverts maintenant de riches moissons.

« Je visitai, il y a trente ans, un des lieux que choisit plus tard pour sa résidence une colonie de ces religieux. Le terrain n'était couvert que de rochers, de broussailles et de marais fangeux. On n'osait le parcourir à cheval, à cause des fondrières que l'on y rencontrait à chaque pas. Aujourd'hui, des champs d'une admirable fécondité remplacent les marécages et les fougères ; les rochers ont en grande partie disparu sous la terre végétale, et la faux peut se promener sans crainte dans les riches prairies créées par les pieux cénobites. Des canaux habilement distribués entretiennent la fraicheur dans les verdoyants bocages ; d'autres canaux souterains, creusés à plus d'un mètre de profondeur, reçoivent les eaux

---

(*) Le monastère de Staouëli est peut-être aujourd'hui l'établissement agricole le plus florissant de toute l'Afrique. Le Grand-Turc lui-même, a appelé, il y a quelques années, des Trappistes pour apprendre l'agriculture aux musulmans.

des terres humides et les versent dans un bassin qui alimente plusieurs moulins.

« Il me semble que tous ces travaux, commencés et achevés par des pères de la Trappe, accusent une intelligence patiente et active et de profondes connaissances en agriculture.

« ...... Les disciples de St. Bruno ont assaini les chartrons et les marais infects où, à côté du silence de la mort, les Bordelais ont placé le théâtre de leurs joies les plus bruyantes. » (*Extrait du discours de S. Em. le cardinal archevêque de Bordeaux*, à l'occasion de la fête agricole de Saint-Ciers-Lalande 1852). Plus bas l'éloquent cardinal ajoute que ce sont des religieux qui ont défriché les landes de St.-Ferme, de Guître, de Pondaurat, de Faise, de Magrine, de Benon, de St.-Georges et de Montangue.

C'est un fait constaté qu'aujourd'hui l'agriculture est délaissée, méprisée, avilie, malgré le besoin généralement senti de cultiver pour ne pas mourir de faim au milieu de toutes nos richesses industrielles. Et, sous l'empire de ce sentiment, cultive-t-on la terre ? Non; on cultive les plaisirs et l'argent qui les procure. Un esprit de vertige et de folie précipite les populations rurales dans les villes ; toutes les conditions se déplacent et se déclassent ; l'élément industriel ou la fureur des places et des emplois, perd et démoralise aujourd'hui une infinité de gens. Voici un passage de M. de Maistre, qui, bien qu'il remonte à une époque déjà loin de nous, n'en est pas moins aujourd'hui d'une saisissante actualité. Écoutons donc le sage et grave écrivain. « Cette vérité est particulièrement sensible dans ce moment, où de tous côtés tous les hommes tombent en foule sur les bras du gouvernement qui ne sait qu'en faire.

« Une jeunesse impétueuse, innombrable, libre pour son malheur, avide de distractions et de richesses, se précipite par essains dans la carrière des emplois. Toutes les professions imaginables ont quatre ou cinq fois plus de candidats qu'il ne leur en faudrait. Vous ne trouverez pas un bureau en Europe, où le nombre des employés n'ait triplé ou quadruplé depuis cinquante ans. On dit que les affaires ont augmenté ; mais ce sont les hommes qui créent les affaires, et trop d'hommes s'en mêlent. Tous à la fois s'élancent vers le pouvoir et les fonctions ; ils forcent toutes les portes et nécessitent la création de nouvelles places : il y a trop de liberté, trop de mouvement, trop de volontés déchaînées dans le monde. — *A quoi servent les religieux ?* ont dit tant d'imbécilles. — Comment donc ? Est-ce qu'on ne peut servir l'État sans être revêtu d'une charge ? Et n'est-ce rien encore que le bienfait d'enchaîner les passions et de neutraliser les vices ? Si Robespierre, au lieu d'être avocat, eût été capucin, on eût dit aussi en le voyant passer : *Bon Dieu ! A quoi sert cet homme ?* Cent et cent écrivains ont mis dans tout leur jour les nombreux services que l'état religieux rendait à la société ; mais je crois utile de le faire envisager sous son côté le moins aperçu, et qui certes n'était pas le moins important : comme maître et directeur d'une foule de volontés, comme

3

suppléteur inappréciable du gouvernement, dont le plus grand intérêt est de modérer le mouvement intestin de l'État et d'augmenter le nombre des hommes qui ne demandent rien.

« Aujourd'hui, grâce au système d'indépendance universelle, et à l'orgueil immense qui s'est emparé de toutes les classes, tout homme veut se battre, juger, écrire, administrer, gouverner. On se perd dans le tourbillon des affaires, on gémit sous le poids accablant des écritures ; la moitié du monde est employée à gouverner l'autre, sans pouvoir y réussir. » *(Du Pape)*.

Rien de plus vrai que ces paroles de M. de Maistre. Les conditions sont déclassées et déshiérarchisées. Combien de jeunes gens de la classe inférieure qui rougissent de prendre l'état de leur père, comme celui de laboureur par exemple, usent le temps et les livres à étudier ; et, faute de moyens pécuniaires et intellectuels, n'acquièrent jamais d'état ! Que de vocations dévoyées ! que d'avenirs avortés ! que de positions compromises ! Que deviendront ces avortons bâtards de la société ? Ils se jetteront dans les grandes villes et dans les capitales, s'y dépraveront, en supposant qu'ils ne le soient pas déjà ; chercheront des places sans pouvoir en trouver, parcequ'il n'y en a pas pour tout le monde... Bientôt, poussés par l'impérieuse nécessité, ils tourneront l'instruction qu'ils ont reçue de la société, contre la société même, comme Lacenaire et tant d'autres ; ils se déshonoreront par des actions basses et flétrissantes et peut-être par des crimes ; deviendront des instruments ou de fauteurs de troubles politiques, d'émeutes, de séditions, de révoltes, de conspirations, de révolutions, de socialisme, que sais-je ?

Vous donc qui gouvernez les peuples, détruisez, dans les grandes cités, ces pléthores sociales ; débarrassez les villes populeuses de ces essains de parasites vénimeux ; adoptez un système de décentralisation qui rejette les jeunes gens dans les campagnes désertes où l'industrie agricole leur ouvrira une nouvelle et honorable carrière. Et certes, le sage comprendra facilement combien cette dernière condition, bien appréciée, est, sous tous les rapports, préférable à toutes ces industries d'art et de luxe de nos grandes cités, qui amolissent et énervent les hommes, et trop souvent les démoralisent, les corrompent et les pervertissent.

Mais avant tout, il faudrait que l'on rendît à l'agriculture sa dignité première, qu'on la relevât aux yeux des cultivateurs et dans l'opinion publique, qu'elle cessât d'être méprisée et abandonnée pour l'industrie des arts et du luxe, et enfin qu'on la présentât à la jeunesse comme une carrière à la fois honorable, moralisatrice et lucrative. Pour cela, il faudrait, il est vrai, quelques sacrifices ; et ce serait à l'État à faire ces avances de capitaux, dont au bout de peu d'années il serait amplement dédommagé ; car un bon système de colonisation, développé sur une vaste échelle, serait une source de richesse pour l'État, de prospérité pour les colons, de bien-être général pour la société, et de mœurs, de vertus, de bonheur pour tous. Et en effet, réunir l'éducation religieuse et morale à l'éducation professionnelle de l'agriculture et de l'industrie rurale, ce serait résoudre complètement le problème de l'amélioration physique et morale de la jeunesse, résoudre en partie le problème de l'utilisation des forces sociales qui se perdent sans profit, résoudre enfin le problème de la multiplication des richesses réelles, c'est-à-dire des ressources tirées du sol, dont l'insuffisance, tout-à-fait notoire, ne répond plus aux exigences de notre civilisation et des besoins d'une population toujours croissante.

Si déjà les populations rurales ont plus d'aisance, si la chaumière est mieux construite, si les nourritures sont meilleures, les vêtements plus chauds, c'est au travail, c'est à la constance du laboureur qu'elles le doivent. Honneur donc à l'homme des champs, dont la vie entière est une vie de fatigue, de sacrifice et de dévouement ! Honneur à la plus noble, à la plus utile des professions, à l'agriculture !

Il est donc prouvé par le fait que l'institution monastique est un élément initiatif en matière de civilisation ; que la religion et l'agriculture, comme nous l'avons déjà vu, sont les deux plus grandes puissances civilisatrices du monde, et que les instruments en sont la croix et la charrue ; *crux et aratrum.*

Il n'est pas jusqu'au système pénitentiaire qui ne

soit venu de la religion, de l'Église ou des moines. Et en est-il un meilleur, pour les jeunes détenus, qu'une colonie agricole et industrielle dont la religion, la morale et l'éducation chrétienne sont l'âme, la base et le nerf ; et dont le travail est à la fois l'exercice disciplinaire, pénitentiaire, correctionnel et médicinal ?

« Il y a, dit M. Guizot dans son *Histoire de la civilisation*, un fait trop peu remarqué dans la constitution de l'Église ; c'est son système pénitentiaire, système d'autant plus curieux à étudier, qu'il est, quant aux principes et aux applications du droit pénal, presque complètement d'accord avec la philosophie moderne... Il est évident que le repentir et l'exemple sont le but que se propose l'Église dans tout son système pénitentiaire. N'est-ce pas là aussi le but d'une législation pénale européenne ? Aussi, ouvrez leurs livres, ceux de M. Bentham, par exemple, vous serez étonné de toutes les ressemblances que vous rencontrerez entre les moyens pénaux qu'ils proposent et ceux qu'employait l'Église. »

M. Moreau Christophe, inspecteur général des prisons de Paris, qui, descendant dans les détails, s'est inspiré dans Mabillon, duquel, entre autres choses, il dit ces paroles remarquables : « C'est au père Mabillon, pour le dire en passant, qu'est due la première pensée du système pénitentiaire américain, pensée toute monastique et toute française. »

Voici comment s'exprimait l'*Univers* dans son n° du 3 Novembre 1847, sur la nécessité de confier le

soin des prisonniers à la charité des congrégations
religieuses : « Le régime cellulaire, ou le régime en
commun, l'isolement partiel, ou l'isolement absolu,
ne sont possibles qu'à l'aide de congrégations monastiques. Il faut des prisonniers volontaires pour
sympathiser avec des prisonniers de force ; il faut
des captifs de Jésus-Christ pour soulever les chaînes,
pour remuer la paille, pour dompter le désespoir des
captifs de la loi humaine. Il faut un cœur d'apôtre et
de religieux pour relever les âmes abattues, pour
régénérer le cœur flétri et l'intelligence avilie du
condamné. Il faut le triple frein de la charité, de la
piété et de l'espérance divine pour enchaîner ces êtres
dépravés qui courent au suicide, à la folie ou à
l'abrutissement par la débauche. Le sentiment général
a compris cette vérité : les hommes les plus prévenus
sont obligés de le reconnaître, et l'administration
s'honore en la mettant en pratique. « Quand on voit,
« dit M. Moreau Christophe, l'ordre admirable qui
« règne dans les maisons de Montpellier, de Clairvaux,
« de Vannes, et le quartier de femmes de Fontre-
« vault, Beaulieu et Limoges, dont la surveillance
« est confiée aux saintes sœurs de Marie-Joseph ;
« quand on visite ces ateliers silencieux, ces réfec-
« toires silencieux, ces préaux silencieux, où toutes
« à la file, une à une, se promènent pas à pas, ces
« femmes résignées, brisées, obéissantes, sous l'œil
« vigilant des sœurs prisonnières et silencieuses
« comme elles, on se demande quoi de plus inti-
« midant, quoi de plus répressif, quoi de plus péni-
« tentiaire ? »

Voilà donc un progrès réel et positif, que l'on doit à l'élément monastique ; la philosophie en convient. Mais sera-ce un moindre progrès que celui des institutions agricoles, qui, tout en sauvant tant de pauvres enfants, feront progresser le plus beau, le plus utile, ou plutôt le premier et le plus nécessaire des arts, l'agriculture, c'est-à-dire cet art qui fait vivre la société sans la corrompre comme le font trop souvent les arts frivoles et l'industrie de luxe ? Nous ne vivons réellement que par l'agriculture. Le ministre et l'ami de Henri IV disait de l'agriculture ; « Le labourage et le pâturage, voilà les deux mamelles dont la France est allaitée, les vrais mines et trésors du Pérou. » Et il jetait à l'industrie de luxe cette parole fière et dédaigneuse : « Cette vie sédentaire ne peut faire de bons soldats ; la France n'est pas propre à de telles babioles » Oui, Sully avait raison, les bons soldats viennent de nos campagnes où les enfants sont élevés durement, où les tempéraments et les constitutions se retrempent et se fortifient dans les fatigues et les travaux des champs. Et quels soldats voit-on sortir de nos usines et de nos fabriques ? Des êtres chétifs, faibles, rabougris, scrofuleux, rachitiques, étiolés, déjà épuisés et perdus de débauche, et par conséquent des hommes lâches, paresseux, sans courage et sans énergie. On n'y remarque presque plus de trace du caractère français.

Qui ne connaît l'inconcevable torture que l'on fait subir aux pauvres enfants employés ou plutôt exploités comme des animaux, dans les fabriques et les usines qui couvrent l'Angleterre ? Là, enfermés dans des réduits souvent humides et toujours malsains, ces petits malheureux de 7, 8 et 9 ans, couchés la nuit au-dessus de leur métier, dans un espèce de hamac, pour ménager la place, travaillent jusqu'à 12 à 15 heures par jour. Les voilà pour la vie transformés en machines dont ils deviennent partie intégrante et inséparable ; ils en sont l'âme : mais pour eux, ils n'ont plus d'âme, elle est passée tout entière à leur machine... Quand ces pauvres petits tombent épuisés de fatigue et accablés de sommeil, on les excite par des coups pour les tenir éveillés. Quand enfin ils n'en peuvent plus de lassitude, et que leur jambes faibles et atrophiées refusent de les porter, on les leur emprisonne dans des espèces de bottines de fer-blanc, afin qu'ils puissent rester debout pour continuer leur travail. *(Discussion de la loi sur le travail, à la chambre des communes, 1843).*

D'un autre côté, un célèbre agronome français, M. de Raînneville, tient à peu près le même langage. Là, dit-il, des multitudes d'enfants de dix à douze ans, travaillent, quatorze heures par jour, et dorment debout, surpris et mutilés par les machines. Transportez-vous, ajoute-t-il, en Angleterre, et entrez dans une de ces fabriques gigantesques dont la dépense en construction et en machines, s'est élevée à plusieurs millions. Là un chargement de coton arrive directement d'Amérique ; à peine jeté dans ces sortes de gouffres, il est filé, tissé, teint, apprêté, emballé et chargé sur le bâtiment qui l'a apporté brut et qui

le transporte en un autre pays où un agent de l'ex-
péditeur le reçoit et le vend. Mais que devient la
population ouvrière dans ces immenses prisons où se
perdent ordinairement la foi, les mœurs, la santé et
la vie ! Que deviennent toutes les jeunes filles sou-
mises à l'autorité absolue des contre-maîtres ! Grâce
au morcellement de nos usines et à nos fabriques
moins vastes et moins colossales qne celles de l'Angleterre nous ne sommes pas encore arrivés à cette
effrayante perfection des Anglais.

Je ne doute pas que depuis la discussion de la loi
sur le travail, qui a eu lieu à la chambre des communes,
la sagesse et l'humanité du gouvernement anglais
n'aient fait cesser ces criants et tyranniques abus. Et
quel est le pays où l'on ne trouve pas quelques abus
à réformer ? On les rencontre même au milieu de
notre généreuse et magnanime France, quand ce ne
seraient que ceux déjà signalés plus haut, à savoir ces
foyers de corruption et de démoralisation, c'est-à-dire
les maisons centrales de détention. Et puis, allez visi-
ter un peu les quartiers habités par les ouvriers de
fabriques, dans les villes de Lille, Amiens, Rouen,
Reims et Lyon. Vous verrez dans quel degré d'avilis-
sement et de dégradation est tombée cette classe de
la population urbaine.

Quelle différence entre les enfants dégradés au
physique et au moral, que l'on rencontre ordinairement
dans les usines, et les jeunes colons de l'établissement
de la Grande-Trappe ! Ces derniers sont gais, joyeux,
vifs, alertes, forts, robustes ; ils sont formés et

disciplinés par les commandements et les exercices militaires, se divisent en escouades, pour se rendre à leurs travaux, sous leurs chefs respectifs, et marchent au pas et au commandement militaire.

Les Dimanches, tous les colons se rendent au monastère, tambour et musique en tête, (*) drapeaux

---

(*) Quand nous disons musique, nous n'entendons certes pas un orchestre complet et en règle, mais seulement une petite musique militaire à instruments en cuivre pour aider les tambours et pour régler la marche, comme par exemple, clairon, trompette, cornet à piston, etc.

Tout le monde connaît les effets magiques que la musique produit sur les âmes humaines ; sa puissance sur les sens, sur l'imagination, sur le cœur de l'homme, est quelquefois immense, prodigieuse et comme incommensurable. Quel cœur est assez dur, quelle âme assez stoïque pour être insensible à l'harmonie musicale ? Ces âmes de bronze, ces cœurs de pierre qui sont secs, froids, insensibles à l'attrait de la mélodie, sont généralement plus ou moins égoïstes, farouches, cruels, sanguinaires, tandis qu'au contraire, les âmes que la musique émeut et charme, sont communément tendres et aimantes, douces et compatissantes, capables de recevoir les impressions de la pitié, disons mieux, de la charité chrétienne. C'est sans doute dans ce sens qu'il faut entendre saint Augustin, quand il dit que quiconque n'est pas sensible à l'harmonie, n'est pas prédestiné à être sauvé.

L'effet immédiat de l'harmonie est un état de sérénité, de calme et de joie. On sait comment David charmait les ennuis et dissipait la noire mélancolie de Saül. La musique dissipe même la lassitude des plus violents exercices. Le martellement cadencé des forgerons tempère la rudesse de leur travail. On voit souvent des troupes harassées par une longue marche, reprendre tout-à-coup de l'ardeur et de l'allégresse aux accents d'une musique guerrière. On sait que l'éclat bruyant des trompettes, des tambours, le canon, inspirent aux soldats l'ardeur martiale et même la fureur et la férocité du carnage.

Partout et toujours des faits multipliés et variés ont témoigné

déployés, pour entendre la messe dans la chapelle extérieure, et quelquefois même dans l'Église de l'abbaye et au milieu des religieux. Les Dimanches encore ils font des promenades militaires.

---

de l'influence salutaire de la musique sur les sens, les âmes et même les mœurs. Polybe rapporte que le pouvoir de l'harmonie adoucissait les mœurs des Arcades... Le même historien ajoute que les habitants de Cynète, qui négligèrent la culture de la musique, surpassèrent en cruauté tous les Grecs, et qu'il n'y avait point de ville où il se fût commis autant de crimes. La musique tempérait la férocité de Néron ; et, de toutes les lois, il n'y eut que celle de l'harmonie que ce barbare craignît de violer.

Quant aux sons inharmoniques ou discordants, aigres, faux, ils produisent généralement un effet très-désagréable sur presque tous les hommes ; le cri rêche de la scie fait grincer les dents. La strideur, qui déplaît à tout le monde, excite même les chiens à s'entre-battre ; ainsi, comme dit Virey, des clameurs ou un tumulte dissonnant, dans les émeutes populaires, échauffent les passions furieuses, rendent les âmes bestiales et les plongent dans des barbaries atroces.

Dans les grands troubles de l'âme, tels que la terreur, les douleurs profondes, le désespoir, la nature exhale quelquefois des cris si déchirants qu'ils font frissonner. On rapporte que Mme Roland, avant d'être décapitée, tira de son piano des accents si lugubres et si lamentables, qu'ils fendaient le cœur des bourreaux mêmes.

Si les sons sinistres et rêches, les bruits horribles et exécrables font hérisser les cheveux, déchirent le système nerveux ou agacent violemment les nerfs auditifs, on a vu aussi, les accents les plus suaves et les plus mélodieux, produire quelquefois des accidents et même des syncopes presque mortelles. « Un abbé, dit Fournier, jouait très-bien de la vielle : il était passionné pour cet instrument : un jour qu'il entendit jouer de la guitare par le célèbre Rodrigue, le plaisir qu'il ressentit fut si vif qu'il tomba comme suffoqué ; on l'emporta et il fut dans cet état pendant trois jours ; après, il assura qu'il serait mort s'il fût resté plus long-

Les colons, dont les noms sont inscrits au tableau d'honneur (1), forment la compagnie d'élite : ils portent une ceinture qui les distingue de la deuxième compagnie, dite du centre, composée des enfants nou-

---

temps à entendre le son de cette guitare merveilleuse. »

On sait que l'harmonica fait évanouir certaines femmes très-nerveuses. (Voyez notre *Physiologie* où l'on trouvera des détails et des faits curieux et singuliers sur l'effet de la musique chez les animaux).

Mais revenons à la musique de la colonie dont nous nous sommes bien écarté. Qu'on nous pardonne cette petite digression, ce court moment de halte ; c'est une petite oasis placée aux confins des marais et des landes désertes et incultes que nous venons de parcourir. Nous sommes convaincu que la musique exercera la plus heureuse influence sur toute la population de la colonie. Elle calmera et apaisera la surexcitation du système nerveux, adoucira les caractères et les mœurs, et contribuera puissamment à améliorer le moral des colons. De plus, la musique militaire anime, électrise les enfants, leur fait plaisir, les attache à la colonie et les prépare pour le service des régiments où ils pourront passer immédiatement au corps des musiciens.

Au reste, tout ce que nous venons de dire des avantages de l'harmonie musicale n'est point une pure théorie ou une vaine supposition, c'est un fait acquis par l'expérience faite au Pénitencier de Marseille. Voici donc notre *ultima ratio* : « La musique, dit M. l'abbé Fissiaux', a contribué à nos succès ; elle nous a grandement aidés pour adoucir le caractère des enfants et en améliorer le moral. C'est un fait curieux à signaler, qu'ayant composé notre corps de musique de nos plus mauvais sujets, pensant pouvoir les soustraire plus tard aux dangers de la récidive en les plaçant comme gagistes dans les musiques des régiments, nous sommes forcés de convenir maintenant que nos musiciens donnent le bon exemple, et sont devenus peut-être, les meilleurs ouvriers et les plus dociles. Aussi augmenterons-nous le nombre de nos musiciens dès que nos ressources nous le permettront. » (*Le Pénitencier agricole et industriel* de Marseille, par M. l'abbé Fissiaux, p. 18.)

(1) Le tableau d'honneur peut être considéré comme le ther-

vellement arrivés ou dont la conduite n'a pas été sans quelque reproche. Les deux compagnies ont leurs caporaux, sergents et porte-drapeaux, qui portent sur le bras les marques distinctives de leur grade, comme galon, chevron, etc.

Ceux, au contaire, car tout n'est pas rose à la Colonie, il y a aussi de cruelles, de piquantes épines ; ceux, disons-nous, qui, pour quelque faute un peu grave, sont mis aux arrêts, sont immédiatement conduits à la salle de police ou la *Salle de réflexion*, où ils restent jusqu'à ce qu'on vienne instruire leur affaire pour les mettre en jugement ; et en attendant, on leur met les chaînes aux pieds et aux mains.

Dans tous les exercices de communauté, on remarque toujours l'allure, la tournure et le cachet de la discipline militaire, comme les aligmements, les appels, les commandements, la marche au pas, le son du tambour ou du clairon. Tout cela plaît aux colons ; il leur faut du bruit et de l'action réglée ; cela les anime et les stimule. De plus, ils ont des moments consacrés aux exercices de la gymnastique ou de la natation, dans un but hygiénique, et surtout dans un

---

momètre moral de la colonie. Pour y être inscrit, il faut avoir passé trois mois, sans avoir mérité ni punition ni réprimande.

Combien de gens aujourd'hui qui sont peu touchés de s'entendre dire : ce que vous faites est un péché ; mais qui se révoltent, si on leur dit : c'est une lâcheté. D'autres ne regardent que comme un médiocre éloge ces paroles : ce que vous faites est moral : on les enchante, si on leur dit: vous vous êtes conduits en braves. Ainsi, le sentiment de l'honneur devient un élément de moralisation de plus.

but d'utilité publique ou de sauvetage dans les incendies, les inondations etc.

Quant à l'instruction primaire, elle consiste dans la lecture, l'écriture, la grammaire, l'orthographe, les quatre règles, le système métrique, le dessin linéaire, le plain-chant, quelques notions de l'histoire sainte et de la géographie, et, avant tout et par-dessus tout, le catéchisme, la doctrine chrétienne et les devoirs d'un bon chrétien dans le monde.

Pour ce qui regarde l'instruction professionnelle, elle se fait dans les divers ateliers industriels, et surtout dans les champs par les travaux agricoles, où on montre aux colons les bonnes méthodes de culture.

Grâce à l'élément militaire qui, plus ou moins, entre partout dans l'établissement, les colons s'habituent à la discipline et à la régularité militaire ; et c'est un point très-important pour les enfants destinés à l'agriculture ; ils n'auront point cette lenteur, cette nonchalance, défaut si habituels aux laboureurs de nos campagnes. Ils seront pour l'agriculture des hommes actifs, laborieux, intelligents et honnêtes ; et pour l'armée, des hommes sains, robustes, disciplinés et moraux. C'est donc de la colonie qu'il sortira de bons soldats (1), de bons cultivateurs et de bons artisans ; et, ce qui vaut mieux encore, de bons chrétiens ; ou plutôt quand les colons seront bons chrétiens, ils seront par là-même bons soldats, bons laboureurs et bons artisans.

____

(1) Il y a continuité entre la discipline militaire de la colonie et celle de l'armée.

D'après tous les documents historiques qui précèdent, et d'après nos propres études sur les constitutions et les travaux agricoles et industriels des religieux, nous demeurons pleinement convaincu que nul établissement privé, soit séculier ou laïque, soit même ecclésiastique, ne pourra jamais donner au gouvernement et aux populations autant de garantie de durée, de stabilité, d'aptitude et de spécialité agricole, que les communautés religieuses spécialement vouées à l'agriculture et à l'industrie *rurale*, comme le sont particulièrement et par profession les Trappistes de nos jours, ou les Trappistes-Cisterciens de la primitive et étroite observance : et la raison en est fort simple, c'est que les établissements privés périssent et s'éteignent ordinairement à la mort de leurs fondateurs, ou sont attaqués par leurs héritiers ; tandis que, comme nous l'avons déjà dit, les corporations religieuses ne mourant pas, leurs institutions se maintiennent et subsistent indéfiniment par le fait seul de leurs constitutions, et elles s'idendifient en quelque sorte avec l'état monastique (1).

Il appartient particulièrement à la Grande-Trappe,

---

(1) La France possède déjà un certain nombre de colonies agricoles. Mais qu'est-il arrivé pour plusieurs de ces établissements, se demande l'auteur de l'*Histoire de Morimond ?* Les fondateurs se sont vus dans la nécessité de les laisser tomber, ou d'y introduire l'élément monastique en liant le personnel des surveillants, comme directeurs, contre-maîtres, chefs d'atelier, par des vœux religieux. Nouvelle preuve que les grandes entreprises d'agriculture ou les colonies agricoles ne peuvent s'effectuer avec succès que par le moyen d'associations monastiques.

qui est le chef-lieu de l'ordre des Trappistes-Cisterciens, de généraliser l'œuvre commencée sur son domaine, et de donner une nouvelle et forte impulsion à une institution si éminemment morale, sociale et régénératrice. On ne peut douter que la plupart des maisons de la congrégation ne la suivent dans cette nouvelle voie de progrès, et n'adoptent une création dont le chapitre général de l'ordre aura consacré le principe et arrêté et sanctionné les règles et les statuts. Et qui pourra dire tous les avantages que procurera aux populations rurales une semblable institution pratiquée et développée sur une aussi vaste échelle.

Mais pour régénérer les populations rurales, qui, sous bien des rapports, sont dans un état déplorable, il faut, nous le répétons, par la puissance de l'élément monastique, c'est-à-dire des sociétés religieuses agricoles, comme particulièrement celles des Trappistes, il faut multiplier le plus et le plus tôt possible, les colonies agricoles et industrielles. Ces pieux établissements recueilleront les orphelins pauvres, les enfants trouvés ou abandonnés et tous les jeunes détenus ; et ils leur assureront une éducation religieuse, morale et professionnelle, au lieu de laisser ces jeunes gens se corrompre sans retour dans l'effroyable milieu des maisons centrales, comme l'a dit M. Corne dans son rapport officiel ; ou de les laisser vaguer sur la voie publique et sur le pavé des villes, où par leurs blasphèmes et leurs propos grossiers, ils insultent à la pudeur publique, et affligent les passants de leur perversité précoce.

Le gouvernement, toujours parfaitement disposé à seconder et à favoriser les bonnes œuvres, donne volontiers la main à ces institutions agricoles ; il en comprend toute l'importance et toute la portée politique. Et en effet, l'avenir de la France est là. Tous nos utopistes et économistes, jusqu'à présent, n'ont pas vu ces choses, qui échappent à l'orgueil de la science *humanitaire* et *sociétaire*. Ils oublient que la vraie science qui régénère, c'est la science pratique de la religion, de la morale et de l'agriculture. Les instruments en sont la croix et la charrue ; l'âme en est la charité et non la philanthropie philosophique, qui est l'amour de l'homme dans la vue de l'homme, tandis que la charité est l'amour de l'homme dans la vue de Dieu.

Conclusion générale. — Retirer les jeunes détenus de l'ignorance, du vice, de l'oisiveté, de la paresse et de la misère par une éducation religieuse, morale et professionnelle ; les éloigner des villes en les appliquant, soit à l'agriculture, soit aux diverses professions qui se rattachent à la vie rurale; tel est le but que la colonie se propose en travaillant à la régénération des enfants souvent plus malheureux que coupables : coupables d'avoir été pauvres et vagabonds, coupables d'avoir mendié, coupables d'avoir eu des parents incapables d'élever des enfants et ignorant tous leurs devoirs, ou un père vicieux et une mère insoucieuse et négligente, coupables d'avoirs subi, ou la funeste contagion de l'exemple ou les dangers de la misère.

Avant l'heureuse institution des colonies agricoles, industrielles, pénitentiaires et correctionnelles, que faisait-on de ces malheureux enfants ? Les tribunaux les envoyaient dans le dangereux milieu des prisons, où on les retenait jusqu'à l'âge de vingt ans. Ils sortaient ordinairement de ces écoles mutuelles du vice, corrompus et pervertis pour toute la vie.

Que fait la colonie de la Trappe de ces pauvres enfants ? Ce qu'elle en fait ? Le voici.

On prend l'enfant, on le dépouille de ses haillons sales et dégoutants ; on le revêt du costume de la colonie et on le place dans la compagnie des recrues. Là on l'instruit, on l'élève, on le change, on le réforme, on le transforme ; on étouffe en lui tous les mauvais germes, on développe les bons, on lui donne, je le répète, une éducation religieuse morale et professionnelle, et on rend à la société , non un captif corrompu ou perverti, un être abruti, dégradé au physique comme au moral, ou enfin une nature sauvage et indomptable (car ces divers degrés se rencontrent dans les maisons centrales), mais un jeune homme religieux, moral, honnête, rangé, intelligent, adroit, robuste et vigoureux, pouvant gagner sa vie avec honneur et probité, et payer largement sa dette à son pays ou donner un sang pur à la patrie.

Que fait-on pour arriver à ce magnifique résultat ? Comment opère-t-on cette heureuse transformation ? On s'appuie, avant tout, sur la religion et le travail : sans cela, point de réforme possible. On donne aux colons des habitudes sociales et surtout des habitudes

de vie et de mœurs rurales ; on tâche de leur inspirer le goût et l'amour du travail, l'esprit d'ordre, de
discipline, de propreté, d'économie, en un mot l'esprit
de famille. Comme ils doivent vivre libres, on les
habitue à l'usage d'une sage liberté. Car la colonie
n'est point une prison ; il n'y a point de murailles, ni
verroux, ni force armée ; point d'autre clef que la
clef des champs. « Pourquoi ne prenez-vous pas la
fuite ? » demandait-on à un colon qui trouvait la
discipline de Mettray trop rigoureuse. « Parce qu'il
n'y a pas de murailles, et que ce serait commettre
une lâcheté, » répondit le colon.

A la colonie, la liberté est placée sous la sauvegarde
de l'honneur si naturel à l'instinct et au caractère français. Que si on s'étonnait de tant d'influence accordée
à ce noble sentiment chez des cœurs et des esprits si
souvent corrompus et dépravés, la réponse serait dans
les résultats déjà acquis et obtenus par des moyens qui
s'allient d'ailleurs merveilleusement avec le régime
militaire de la colonie. Voilà l'esprit de la colonie de
la Grande-Trappe.

Nous terminons ici notre petit travail. Plus tard,
quand nous aurons pour nous l'autorité de l'expérience
et la sanction du temps, nous ferons connaître en
détail l'organisation de la colonie, son corps dirigeant,
le personnel de son tiers-ordre, ses statuts ou ses
constitutions, sa discipline militaire, son système pé-

nitentiaire, les exercices des colons, leur régime hygiénique et alimentaire avec un nouveau système de couchage considéré au point de vue de l'hygiène physique et morale ; enfin nous donnerons une idée suffisante de tout le mécanisme de l'institution.

Post-Scriptum.

La colonie agricole de la Grande-Trappe est en plein exercice. Elle n'a que dix-huit mois d'existence, et déjà elle est composée de cent-vingt enfants. Le nombre des colons doit être porté à deux cents ou même à trois cents.

Si cette colonie naissante a déjà conquis la sympathie et l'approbation générales, pour ne pas dire l'admiration universelle, que sera-ce donc quand elle sera arrivée au terme de son plein développement ?

Le gouvernement qui comprend parfaitement toute l'importance politique et sociale d'une colonie agricole monastique, a déjà accordé à la Trappe une subvention pour les premiers frais d'établissement. Mais ce secours, tout important qu'il est, est loin d'être suffisant ; car il est nécessaire de faire de nouvelles constructions : il faut des bâtiments d'exploitation, granges, écuries, étables, instruments aratoires, en un mot un mobilier agricole complet.

Que les personnes auxquelles Dieu inspirera la pensée de contribuer à l'accomplissement d'une œuvre commencée sous les auspices de la religion et si pleine d'un saint avenir, s'estiment heureuses, car ce sera pour elles un véritable bonheur. Et en effet, n'est-on pas heureux quand la Providence permet qu'on soit l'instrument d'une œuvre si utile à la société et surtout si agréable à Dieu par le salut temporel et éternel qu'elle procurera à un grand nombre d'enfants ?

Si l'aumône ordinaire, simple, qui n'a pour objet que le salut du corps, couvre, suivant l'Écriture, la multitude des péchés, que ne fera donc pas l'aumône double, c'est-à-dire à double effet, qui sauve à la fois le corps et l'âme ? Or, c'est là le caractère des aumônes faites à la Colonie de la Grande-Trappe. Et n'est-ce pas aussi pour les bienfaiteurs le meilleur moyen d'assurer leur salut éternel ? Leurs noms seront inscrits dans les archives de la colonie, en attendant qu'ils soient (ce qui vaut infiniment mieux), inscrits dans le livre de vie. *Nomina eorum scripta sunt in libro vitæ,* dit encore la sainte Écriture.

Suivant les règles de l'ordre, les bienfaiteurs, auront part à perpétuité aux prières des Trappistes.

De plus, le nouveau Supérieur général, le R. P. Timothée vient de fonder à perpétuité une messe quotidienne, en l'honneur de la Sainte Vierge, pour tous les bienfaiteurs morts et vivants de la maison et de la Colonie de la Grande-Trappe.

(Voyez à la fin de cette brochure).

APPENDICE.

Cet appendice est tiré du compte-rendu de l'inauguration solennelle de la Colonie, qui a eu lieu le 26 Septembre 1854. (1)

Après la messe du Saint-Esprit, célébrée par Monseigneur l'Évêque de Séez, ont été prononcés les discours suivants :

DISCOURS

DU

R. P. ABBÉ DE LA TRAPPE.

Messieurs,

« La divine Providence accomplit aujourd'hui un de mes vœux les plus ardents et les plus cincères.

« Après le bonheur de servir Dieu dans la liberté de la solitude, je ne connais rien de plus digne des

---

(1) L'auteur de ce compte-rendu est un laïque, ami intime de feu dom Joseph-Marie, abbé de la Trappe et fondateur de la Colonie.

moines que de contribuer de tous leurs efforts à l'amélioration morale et au bien-être matériel de la société. C'est là le devoir de la charité chrétienne, qui n'admet ni exception ni limite, et les moines, qu'on le sache bien, ont reçu de Dieu, comme les autres hommes, le précepte de prendre soin du prochain : *Mandavit unicuique de proximo suo.*

« Ce sentiment a toujours été celui de notre Ordre ; il s'y est manifesté dès son origine sous deux formes principales, le travail des mains et l'éducation des enfants. Saint Benoît, notre premier père, avait bien compris que l'agriculture est le premier de tous les arts, non-seulement parce qu'elle nourrit toute la race humaine, mais encore parce qu'elle est la meilleure gardienne de la santé du corps, de la simplicité du cœur et de la pureté des mœurs. Il avait également compris par cette vue supérieure des hommes de foi, que les vertus ou les vices de l'humanité dépendent de l'éducation de l'enfance, et que, quel que soit le mal du présent, il n'y a pas à désespérer de l'avenir, quand on peut encore façonner au bien les générations naissantes. De là, cet empressement à admettre les enfants dans ses monastères pour les soustraire aux misères et à la corruption d'une société en décadence ; de là encore ce travail des champs qu'il remit en honneur au milieu d'un monde dédaigneux et misérable, et qu'il fit exercer par des mains libres pour apprendre à tous les hommes l'art de suffire noblement par eux-mêmes à leurs propres besoins.

« Disciples de saint Benoît, nous vivons du travail

de nos mains et de la culture de nos champs. L'opinion veut bien reconnaître à nos efforts quelque utilité extérieure, à nos exemples quelque efficacité, à nos méthodes quelque influence sur nos voisins. Dieu veuille qu'il en soit ainsi ! Mais à une époque où tous les besoins se multiplient chaque jour avec la population, n'était il pas convenable de travailler à étendre ce qu'on veut bien appeler nos services au-delà des vallées étroites que nous habitons ? Nous en avons souvent médité le projet. Nous ne trouvions pas trop ambitieuse la pensée de tenir école d'agriculture, et de rassembler de nombreux élèves, afin de propager par eux des principes vérifiés par l'expérience. C'était, à nos yeux, la bonne manière d'acquitter notre dette envers les besoins modernes de la société.

« Quant au choix des élèves, l'esprit de notre fondateur, d'accord avec la charité chrétienne, nous le désignait tout naturellement. Notre préférence appartenait de droit à ceux que le malheur rendait plus intéressants, à ceux qui semblent condamnés, par le fait de leur naissance, à la misère, à l'ignorance et à l'influence des dangereux exemples de leurs familles ; à ceux enfin qui, pour leur propre bien et pour le bien d'autrui, avaient besoin d'une direction et d'une vigilance infatiguables. — Que de fois nous avions gémi sur le sort de tant d'enfants délaissés dès le bas âge, livrés à eux-mêmes, et qui, poussés par le besoin, ou égarés par de mauvais conseils, ou excités au mal par de criminelles instigations, se sont rendus coupables envers la société, souvent sans comprendre ce qu'ils faisaient ! Nous nous les représentions tels qu'ils sont presque toujours, condamnés pour une première faute, à apprendre dans la compagnie d'hommes pervers, l'art de commettre habilement le mal, et à se préparer, par les conséquences d'un premier châtiment, un avenir de plus en plus déplorable. Les relever de cette première chute, leur offrir le remède de l'âme et du corps, les ramener à la vertu par l'enseignement et la pratique de la religion, les mettre à l'abri du besoin et des tentations qu'il produit, par l'exercice et les avantages d'une profession honnête, c'était assurer le bonheur futur de leur vie, en lui donnant la plus pure et la plus durable de toutes les garanties ; c'était enfin épargner à la société le mal qu'il ne commettraient plus, et la servir par les bonnes actions qui les honoreraient eux-mêmes.

« Ce double vœu a été entendu. Grâce en soit rendue à un gouvernement qui veut fortement le bien et qui après avoir conquis la liberté de le faire sans contradiction, accueille toujours favorablement toutes les propositions utiles au pays, et particulièrement aux classes souffrantes. Nous sommes heureux de pouvoir aujourd'hui témoigner publiquement notre reconnaissance à tous ceux qui ont entouré cette fondation de leur bienveillance et de leur appui, aux autorités civiles et judiciaires du département de l'Orne, dont le concours a été notre première recommandation, à Monseigneur l'Évêque de Séez dont les encouragements donnent la consécration de la religion à une œuvre tout à la fois morale et temporelle, à Messieurs les membres de la Commission de surveillance, qui prennent aujourd'hui l'engagement de nous assister de leurs conseils et de se dévouer au perfectionnement continu de l'institution, à M. le Ministre de l'Intérieur dont nous n'avons encore senti l'autorité que par l'activité qu'il apporte à seconder nos efforts et à nous assurer la protection de l'Etat ; enfin et surtout à Sa Majesté l'Empereur des Français. C'est l'Empereur, Messieurs, qui par ses bonnes paroles a soutenu notre projet, comme il a par sa volonté prompte et sûre aplani les difficultés d'un premier établissement. Tout récemment encore, au milieu de si grandes préoccupations, malgré la sollicitude de tous les intérêts de la France et de l'Europe entière, cet esprit toujours occupé et toujours libre, qui embrasse tout et que rien n'absorbe, s'est ressouvenu de notre Colonie naissante. Il a voulu rendre sa bienveillance toujours présente au milieu de nous en nous envoyant son image. Nous la conserverons précieusement comme une protection permanente, nous la placerons, dès qu'il sera préparé, dans le lieu le plus apparent et le plus honorable de cette maison , et nous inscrirons au-dessous ce cri national qui retentit aujourd'hui sur toutes les mers, comme d'un bout de la France à l'autre :

VIVE L'EMPEREUR !

Ce discours a été accueilli par de nombreux applaudissements. En recevant les félicitations des autorités qui l'entouraient , le Père Abbé a ajouté :

« La faiblesse de ma santé et de ma voix ne m'a pas permis de vous [expliquer comment nous entendons la direction de la Colonie. Mais M. Gaillardin, notre ami, initié à toutes nos pensées, va le faire à ma place avec cette facilité de parole qui lui est ordinaire. »

M. Gaillardin, professeur au lycée Louis-le-Grand, était présent là comme ami particulier du Révérend Père. — Il avait pu, depuis quelques semaines, étudier la Colonie ; et il avait un peu dirigé les préparatifs de la fête. Mais il ne trouvait pas là un titre officiel à figurer dans la cérémonie de l'installation. Néanmoins il avait cédé aux instances de son ami, et sur l'invitation de M. le Sous-Préfet , il a pris la parole en ces termes :

DISCOURS

DE

M. CASIMIR GAILLARDIN.[1]

MESSIEURS ,

« Ce n'est pas sans avoir longtemps résisté que je prend la parole dans cette assemblée : je ne me recon-

---

(1) Ce Discours n'était pas écrit. L'auteur l'a rédigé après l'avoir dit , sur le instances unanimes de ceux qui l'avaient entendu. Il s'est scrupuleusement attaché à n'y rien changer , excepté quand sa mémoire lui a fait défaut. Mais ces changements eux-mêmes ne portent que sur quelques expressions, et nullement sur le ond des choses.

naissais aucun titre à cet honneur. Je n'appartiens ni à l'institution qui reçoit aujourd'hui une consécration solennelle, ni au pays pour le bien duquel elle est établie. Je ne tiens à la Trappe que par l'affection incomparable de son abbé et de ses religieux ; je ne tiens au département de l'Orne que par quelques amitiés qui me sont précieuses, mais qui ne donnent aucun caractère officiel. Toutes ces raisons me commandaient donc de me taire ; mais le Révérendissime Père Abbé général n'a pas voulu le permettre. En qualité de vieil ami et de confident intime, il veut que je lui serve devant vous de porte-voix, que je suplée à l'insuffisance de ses forces et de sa santé, et que je vous dise ce qu'il ne peut vous faire entendre lui-même. C'est à ces conditions que j'ai cédé : aussi le plan de mon discours est tout tracé ; je suivrai pas à pas le sien, pour en développer successivement les diverses parties. Heureux si j'ai assez bien compris sa pensée pour vous la rendre exactement, et assez habile si le commentaire n'affaiblit pas et ne détruit pas comme il arrive trop souvent, le sens et l'énergie du texte primitif.

« Donc, Messieurs, ce qui a inspiré la pensée d'établir une Colonie agricole auprès de la Grande-Trappe, c'est le désir de faire du bien, de faire le plus de bien possible, et de le faire pour rien ; grande pensée assurément et qui est la gloire la plus solide de l'homme ; car, Messieurs, il ne suffit pas de remplir ses devoirs envers sa famille, de s'acquitter de ses obligations personnelles ; il ne suffit pas d'être bienveillant et utile à des amis dont on peut attendre un légitime retour. Si l'on veut être grand, si l'on veut faire vivre ses œuvres au-delà de cette vie mortelle, il faut encore donner quelque chose de son temps pour rien, quelque chose de ses instants ou de ses plaisirs pour rien, quelque chose même de son sang pour rien : il le faut, sous peine de n'être jamais qu'un homme incomplet.

« Ce dévouement, ce désintéressement si noble est essentiellement monastique. Les moines n'ont été créés que dans une pensée de dévouement. Lorsque la société ancienne périssait de corruption et de faim, lorsque la terre délaissée par la paresse des maîtres, et par l'indifférence des esclaves ne donnait plus à l'humanité son pain de tous les jours, voici venir saint Martin, qui dans une province de Gaule, rassemble des solitaires, leur impose comme obligation essentielle le travail des mains et fait de leur manière de vivre le modèle de l'humanité. Bientôt saint Benoît, en Italie, développant cette œuvre, proclame que le travail des champs est le devoir le plus chrétien, le plus apostolique de l'homme et il envoie partout ses disciples pour propager cette doctrine salutaire bien plus encore par l'exemple que par la parole. Lorsque l'antiquité s'affaissant plus profondément encore, laissait périr avec elle les œuvres et le souvenir de sa civilisation, de ses lettres et de ses arts, voici les moines qui se font copistes, qui reproduisent patiemment les livres des génies oubliés et qui peu à peu ajoutant un travail nouveau au travail des anciens, ajoutent une science nouvelle à la science passée, et fondent l'érudition. En d'autres temps, lorsque de plus terribles fléaux s'abattent sur l'humanité, lorsque des maladies hideuses s'attaquent aux individus, les rendent odieux même à leurs familles, et les laissent sans secours et sans amis, ce sont encore des moines qui les prennent sous leur protection, qui se substituent à leurs familles, qui leur assurent une amitié fidèle. Enfin, de nos jours, sous nos yeux, vous voyez les Trappistes prendre sous leur protection l'agriculture, en améliorer les procédés, en multiplier les résultats et dans le désir d'étendre au loin des avantages dont ils se font les garants, rassssembler ces enfants de tous les points de la France, pour leur enseigner la science de la vie honnête et le secret du bien-être des populations. Tous, dans les siècles passés, comme au siècle présent, loin de rien rechercher pour eux-mêmes, ont au contraire abandonné ce qu'ils possédaient légitimement et sacrifié leurs intérêts propres à l'intérêt général

« Mais puisqu'il s'agissait d'enseigner l'agriculture, de former, dès la première jeunesse, des travailleurs, d'offrir un asile à ceux qui n'auraient pas trouvé dans leurs familles le nécessaire de la vie et les leçons d'un travail intelligent, pourquoi n'avoir pas appelé de préférence les enfants du voisinage, les enfants de familles bien connues, des enfants intéressants comme ils le sont tous aux yeux de leurs parents, des enfants irréprochables ? Pourquoi chosir plutôt des inconnus, et surtout ceux qui ont déjà eu quelques affaires avec la justice humaine ? Il sera donc plus avantageux d'avoir failli que d'être resté toujours sage. Les fautes publiques donneront plus de droit à la protection qu'une bonne conduite soutenue. Cette objection a été faite, je le sais ; mais déjà le Révérend Père y a répondu. Il a préféré ceux que le malheur rendait plus intéressants. Cette préférence n'en est pas une ; c'est une juste répartition des leçons selon l'étendue des besoins ; ou, si vous le voulez, c'est la préférence du père de l'enfant prodigue qui se réjouit du mal réparé ; pour être l'objet de cette joie, le fils aimé voudrait-il avoir été prodigue ? C'est la préférence de la mère qui s'occupe davantage de celui de ses enfants qui lui donne le plus de chagrins. Quel est celui qui voudrait au prix de ces soins être cet enfant malheureux ? Dans une famille, lorsque la maladie a frappé une tête précieuse, lorsqu'elle a multiplié les anxiétés, et qu'enfin elle cède au dévouement, à la vigilance ou à la science, on célèbre avec transport le rétablissement de celui qu'on avait craint de perdre ; on en fait une fête, une occasion de félicitations et d'actions de grâces : et pourtant qui ne préfère la santé conservée ? Qui voudrait avoir été malade, et après les douleurs passées, garder en soi l'affaiblissement qui en est la suite, et peut-être des germes funestes toujours capables de renouveler le danger ? Comprenons par là, Messieurs, le bien que la Trappe veut faire aux jeunes élèves de la Colonie agricole, et gardons-nous d'une jalousie qui nous ferait mettre nos propres intérêts au-dessus de l'intérêt général.

« Voilà la Colonie fondée et justifiée. Cherchons maintenant par quels moyens la Trappe ramènera ces enfants au bien et les y fera persévérer. Ces moyens sont bien simples. Je citerai les deux princicipaux : *la Religion et l'Instruction.*

« La Religion seule est capable de faire pratiquer le bien à l'homme, de l'y ramener quand il s'en est écarté, de l'y faire persévérer quand il y est revenu. Ce n'est pas la crainte, ce n'est pas la contrainte qui peuvent produire ces heureux résultats. La crainte du châtiment, la contrainte des lois, de la surveillance, n'ont d'effet que tant qu'elles durent. Supprimez-les, le mal comprimé revient aussitôt avec l'impatience, avec l'ardeur de la vengeance. La Religion, au contraire, corrige le mal en faisant aimer le bien. Elle persuade, parce qu'elle parle au nom d'une autorité supérieure, parce qu'elle donne au bien un motif surnaturel, parce qu'elle lui propose un but divin, parce que seule elle fait sentir intérieurement à l'homme les heureux effets du bien qu'elle seule lui a fait pratiquer. Aussi est-ce à la Religion que les maîtres de la jeune Colonie auront recours avant tout. Mais n'est-il pas à craindre qu'ils n'exagèrent ce moyen ? Des trappistes sauront-ils bien connaître ce qu'il faut donner de religion à ces enfants ? C'est quelque chose de si effrayant qu'un Trappiste ; non-seulement sa règle et ses austérités, mais sa tête rasée, mais sa longue robe blanche, et jusqu'à son nom ! Ils vont sans doute charger ces enfants de pratiques multipliées et impossibles. Rassurez-vous, Messieurs ;

ne savez-vous pas que les hommes les plus sévères à
eux-mêmes sont les plus indulgents pour les autres,
que les hommes les plus savants sont les plus capables
de composer des livres pour l'enfance, et que nul n'a
jamais mieux fait le cathéchisme aux enfants que le
grand Bossuet ? L'enseignement et la pratique de la
Religion seront très-discrets à la Colonie agricole de
la Grande-Trappe. Ces enfants apprendront ce que
tous les hommes ont besoin de savoir, ils pratiqueront
ce qu'ils pourront pratiquer toujours dans toutes les
conditions de la vie. Car il n'y a pas de condition qui
ait le droit de prétendre qu'elle n'a pas le temps de
pratiquer les devoirs essentiels de la Religion. Ces
devoirs nécessaires à tous ont été ainsi disposés qu'ils
puissent être accomplis par tous. On leur fera le
catéchisme avec une méthode claire, simple, digne
de cette doctrine chrétienne qui est proposée à toutes
les intelligences, et qui n'est jamais plus sublime que
lorsqu'elle est parfaitement simple. On les habituera
à la prière du matin et du soir, aux observances qui
conviennent à l'ouvrier, à l'observation du repos du
dimanche et des grandes fêtes, données à l'homme
par Dieu tout à la fois pour savoir honorer la Divinité
et pour réparer ses propres forces. Mais on leur en-
seignera tous leurs devoirs : devoirs envers Dieu,
devoirs envers eux-mêmes, devoirs envers le prochain.

« Ils apprendront leurs devoirs, non-seulement
par l'enseignement oral, mais encore par l'exemple.
— Rien ne leur sera prescrit qu'ils ne l'aient sous les

5

yeux. Leurs devoirs envers eux-mêmes, c'est-à-dire la répression de leurs passions, ils les comprendront par l'exemple négatif en quelque sorte, non pas par ce qu'ils verront, mais par ce qu'ils ne verront pas. Ici point de mauvaises actions, point de ces mauvais conseils qui se glissent trop souvent dans les autres ateliers. Autour d'eux aucune influence funeste, et il ne peut en être autrement ; car ils ne seront en rapport qu'avec les religieux ou avec ceux qui viennent demander une direction pour eux-mêmes à ces religieux. Or nul ne vient s'établir à la Trappe ou dans ses dépendances pour faire et pour propager le mal.

« Ils comprendront par l'exemple leurs devoirs envers les autres hommes. Le premier de ces devoirs, Messieurs, c'est le respect de l'autorité ; je dis le premier parce que, en assurant la tranquilité publique, il sauve-garde les intérêts spirituels et temporels de tous. En quel lieu donc peut-on mieux se former aux respect de l'autorité, que dans une maison où la règle est fondée sur l'obéissance, l'obéissance conforme à la loi, et ce qui est bien plus efficace encore, l'obéissance librement acceptée ?

« Ils apprendront la patience pour les défauts d'autrui, la bienveillance réciproque en voyant la patience, la bienveillance de leurs maîtres entre eux, la patience et la bienveillance de leurs maîtres pour eux-mêmes ; en voyant ces maîtres, et de temps en temps les religieux, travailler sans se plaindre, porter leur fardeau sans chercher à le faire passer sur d'autres épaules, subir les contrariétés sans murmure, supporter en souriant, selon les saisons, le froid ou la chaleur, sans abréger par leur propre volonté la durée de l'épreuve. Ils verront et ils apprendront cette patience qui s'étend ici jusque sur les animaux. Ne riez pas, Messieurs. Ce n'est pas là un mérite indifférent. Trop souvent la cruauté envers les animaux est remontée de l'animal sans raison jusqu'à l'homme.

« Le désintéressement est la base de la charité chrétienne ; c'est en abandonnant volontairement ses propres intérêts que l'homme acquiert la liberté et le goût de servir le prochain. Ils apprendront encore ici ce désintéressement en le voyant pratiquer et particulièrement par leurs maîtres. Vous distinguez, au milieu d'eux, les frères du tiers-ordre, comme nous les appelons. Ce sont des hommes qui par leur travail, leur industrie, leurs talents, pouvaient se faire, dans le monde, une position honorable. Ils y ont renoncé, ils sont venus ici pour se consacrer entièrement à ces enfants. Ils ne veulent d'autre récompense de leurs services que la satisfaction de les avoir rendus ; et comme ils portent le nom de frères, ils en ont tout le dévouement.

« Mais je m'aperçois que, depuis quelque temps, je fais devant vous l'éloge de la Trappe ; et c'est ce que le Révérend Père m'avait formellement interdit. Aussi bien est-ce un éloge que je prononce, ou une série de faits que j'expose ? Ce sont des faits, des faits qui se voient, qui se constatent tous les jours : et je ne suis pas libre de supprimer des faits. Heureux celui dont on peut faire l'éloge par le simple récit de ses actions. C'est la louange la plus légitime, et contre laquelle l'humilité monastique elle-même n'a aucun droit à exercer. Donc, une fois en passant, et dans cette fête qui ne se reproduira plus, tant pis pour l'humilité monastique.

« Voilà ce que j'avais à vous dire de l'enseignement religieux dans la Colonie. —Parlons maintenant de l'instruction.

« De quelle instruction s'agit-il ? La Trappe veut-elle former des savants ? Dieu l'en garde. Elle n'ajoutera pas au nombre de ces concurrents qui se pressent dans toutes les carrières dites libérales. Elle sait bien d'ailleurs le danger de ces éducations trop souvent incomplètes, qui deviennent un malheur pour l'individu, un fléau pour la société. Elle sait bien que tous les esprits ne sont pas propres à ces travaux, et si vous voulez en croire un homme qui, depuis vingt ans manie et élève la jeunesse, je vous dirai à mon tour que ma conviction depuis long-temps formée, est que l'immense majorité des intelligences n'est pas faite pour les longues études. Il y a dans cette vie sédentaire quelque chose qui étouffe, qui contrarie notre besoin d'activité, contre quoi protestent nos tendances naturelles ; et c'est à cela sans doute qu'il faut rapporter tant d'études inutiles et tant d'étudiants dangereux. Ce que la Trappe veut enseigner à ces élèves, c'est la science de la vie pratique, de la vie domestique, la science pour chacun de se suffire à soi-même.

« Il y a principalement trois choses qui portent l'homme au mal par l'excitation des désirs et par le sentiment du besoin : 1° l'amour du luxe, le désir de changer d'État ; 2° le défaut d'ordre, la négligence personnelle, la malpropreté ; 3° la paresse. La première suscite en nous la jalousie, la convoitise, et trop souvent pour les satisfaire nous fait accepter tous les moyens qni se présentent, même les moins honorables ; les deux autres nous enlèvent ce que nous possédons, ou nous empêchent d'acquérir ce qui nous est nécessaire, et nous livrant aux exigences impérieuses du besoin, nous jettent dans le désespoir, ou nous entraînent à ravir ce qui ne nous appartient pas. Combattez, détruisez ces trois vices, et vous épargnerez à la société les jours lamentables par où nous avons passé, et auxquels nous n'avons échappé qu e par une providence manifeste de Dieu.

« A l'amour du luxe, au désir de changer de condition, la Trappe opposera la simplicité. Vous voyez ici autour de vous des bâtiments déjà considérables, d'autres qui sont en construction ; l'an prochain il s'en élèvera d'autres encore. C'est qu'il faut des dortoirs pour réunir quelques centaines d'enfants, un réfectoire où ils prennent convenablement leurs repas, des ateliers d'hiver, des salles couvertes où leur donner, dans les mauvais temps, les récréations que leur âge réclame. Mais ne craignez pas qu'il se bâtisse jamais ici rien qui ressemble à un palais. Il n'y aura à la Colonie agricole qu'une ferme, une ferme-modèle, une ferme bien tenue, mais les mœurs comme les murs et l'intérieur d'une ferme. Simplicité dans l'habitation, les enfants ne verront autour d'eux rien qui puisse leur faire prendre en dégoût les maisons où leur condition les appellera un jour. Simplicité dans la nourriture ; la nourriture sera saine et abondante, mais telle qu'elle ne puisse jamais dégoûter les enfants de la nourriture de l'homme des champs. Simplicité dans le vêtement ; il sera suffisant contre la chaleur, contre le froid, il sera propre pour des raisons que nous expliquerons tout à l'heure, mais tel que le jeune colon, sortant d'ici, ne puisse jamais regarder avec dédain le vêtement du villageois ou de l'ouvrier.

« A la négligence, au défaut d'ordre, la Trappe opposera une propreté inflexible. C'est là, en apparence, un bien petit détail, une bien mince vertu, et pourtant, Messieurs, je ne crains pas de le dire, c'est une des bases de la morale. La propreté, je le sais, n'est pas la vertu de nos campagnes, nous pouvons librement dire cette vérité en famille, car nous sommes en famille ici. Eh bien ! écoutez : la malpropreté, le défaut d'ordre, attentent à la vie de l'homme, à sa fortune grande ou petite, à sa vertu, à l'esprit de famille. La malpropreté attente à la vie en dénaturant autour de nous et jusque sur nous l'air que nous respirons, par quoi nous vivons, sans quoi tout dépérit dans la nature, l'homme, les animaux et même les plantes. Elle attente à notre fortune en détruisant plus vite les objets qui sont à notre usage, en multipliant les dépenses nécessaires pour les remplacer. Elle attente à la vertu en nous éloignant des bonnes sociétés. Elle attente à l'esprit de famille en nous dégoûtant de notre intérieur. Substituez-y la propreté, l'ordre régulier. La maison bien tenue, bien aérée ramène la vie, la santé, le bon teint. Les meubles tenus en bon état, les vêtements bien soignés, les ustensiles de ménage rangés à leur place, auront un usage double, triple peut-être. On a dit plaisamment qu'une pièce mal mise valait mieux qu'un trou bien fait ; et moi je vous dis qu'une pièce bien mise et à propos vaut presque un habit neuf. Mais voici ce qui est plus sérieux, car il s'agit de l'intérêt moral de l'homme. J'affirme que la propreté est une garantie de moralité. Nous sommes ici-bas sous l'influence inévitable des circonstances extérieures qui nous entourent. Les choses matérielles ont une influence incontestable sur les sentiments de notre esprit. Lorsque, par exemple, nous avons devant nous, comme dans ce pays, des bois, des forêts, de grands arbres, nous les regardons avec admiration, et les suivant des yeux depuis la racine jusqu'à la cime, nous élevons notre cœur de la terre au ciel, et de la chose créée nous remontons jusqu'au Créateur. De même lorsque nous voyons autour de nous, dans notre maison, sur notre personne, la bonne tenue, la régularité, l'ordre matériel, nous nous sentons tout naturellement portés à la bonne tenue, à la régularité morale. L'ouvrier *endimanché* sera plus détourné d'entrer au cabaret, ne fût-ce que par la crainte de salir son belhabit. Il fuira les sociétés mal

propres, pour se rapprocher des personnes *comme il faut*, parce qu'il sent qu'il est lui-même un homme comme il faut, et le soin matériel lui fera prendre immédiatement une bonne habitude morale. Mais la vertu repose en grande partie sur l'esprit de famille. Mettez cet esprit sous la garde de la propreté. L'homme aimera sa maison s'il la retrouve chaque jour, à son retour du travail, parée de propreté et d'ordre. Il ne sera pas tenté d'aller chercher ailleurs un séjour plus agréable. Il aimera mieux ses enfants s'il les retrouve bien tenus ; ils seront plus gentils s'ils sont propres, et il ne sera pas tenté de les repousser et de s'éloigner d'eux. Ce sont des ouvriers qui m'ont dit ces choses, et j'ai recueilli de l'un d'eux ces paroles profondes :
« Je vais acheter une belle robe à ma femme, parce
« que, quand elle est bien habillée, elle est plus
« gentille, et je l'aime mieux. »

« Les jeunes colons apprendront ici la propreté ; l'habitude leur en sera donnée par une discipline militaire proportionnée à leur âge, mais inflexible. Toute négligence sera signalée, tout manquement réprimé. Vous savez ce que peut la discipline militaire. Voyez ce jeune homme : quand il est parti de son village, il était gauche dans ses allures, lent dans ses démarches, maladroit dans ses actions, négligent dans sa tenue. Il a passé sept ans au régiment, il est tout changé ; il est devenu actif, propre, régulier, assidu ; cela est si vrai que dans les ateliers de Paris, quand deux ouvriers se présentent concurremment pour le même emploi, si l'un d'eux porte encore le pentalon d'uniforme, on le préfère à l'autre avant tout examen de capacité, parce qu'on est assuré de le trouver rangé, docile et ferme à son travail. — La Colonie agricole, par les mêmes moyens, atteindra des résultats semblables.

« Enfin à la paresse, la Trappe opposera le travail, travail régulier, mais tempéré, comme il convient, par les récréations que la jeunesse réclame. Le travail est l'honneur véritable de l'homme, mais il est aussi une des garanties de la vertu. Il prévient les mauvais désirs, les mauvaises pensées. La paresse, dit le proverbe, est la mère de tous les vices ; le travail est le père du bien. La tentation n'approche pas de l'homme appliqué ; il n'y a rien qu'elle redoute plus que la truelle dans la main du maçon, le rabot dans la main du menuisier, la bêche dans la main du jardinier : ce qu'elle aime par-dessus tout, ce sont les promenades incertaines, les conversations inutiles et prolongées, le repos continu au-delà du Dimanche et surtout pendant toute la journée du lundi. Les jeunes colons travailleront de telle sorte que le travail leur devienne une habitude et un bonheur. Ils travailleront à des états véritablement utiles qui puissent toujours profiter à la société et à eux-mêmes. Il y aura parmi eux des tailleurs, des cordonniers. Il y aura des maréchaux qui apprendront à fabriquer de bons pics, de bonnes bêches, de bons socs de charrue. Mais il y aura surtout des agriculteurs. L'agriculture, comme le Révérend Père le disait tout-à-l'heure, est le premier de tous les arts. C'était le travail primitivement destiné à l'homme. Tous les autres ne sont que de fausses applications de notre activité, comme les besoins qu'ils ont pour but de satisfaire n'ont été que des manières de fausser notre vie. L'agriculture, c'est l'occupation de toutes les saisons sous des formes diverses, c'est là le seul art qui trouve ses fêtes dans ses propres fatigues ; on y va gaiement, on en revient au bruit des chansons. C'est le seul art qui rapproche les hommes sans les corrompre, et qui les mettant sans cesse en rapport avec les œuvres et les bienfaits de Dieu, garde au fond de leur cœur le souvenir de la providence et les sentiments de sa gratitude Énfin, qu'on ne l'oublie pas, c'est le besoin de plus en plus presssant de notre époque. N'accusons pas de cupidité les hommes qui, de nos jours, s'efforcent de multiplier les produits de l'agriculture. Il faut bien les multiplier avec la population. Avant la révolution, la France ne comptait que 24 millions d'habitants ; son sol suffisait à les nourrir. Aujourd'hui elle compte 36 millions d'habitants, et son sol n'a pas augmenté d'un hectare. Il faut donc que ce sol soit mieux cultivé, il faut qu'il rende une moitié en sus de ses anciens produits, pour nourrir la population qui a augmenté d'une moitié. Aussi la Trappe va-t-elle appliquer ses jeunes colons à l'agriculture ; elle les formera aux meilleures méthodes, non seulement à la science du labour, des engrais, des défrichements où elle excelle, mais encore à l'élève du bétail, au jardinage, et à la science des chemins d'exploitation sans lesquels la culture la plus prospère n'a qu'une influence restreinte, sans utilité générale.

« Voilà, mes chers enfants, le programme de l'instruction qui vous est destinée. Vous êtes trop jeunes peut-être, au moins le plus grand nombre d'entre vous, pour le bien comprendre. Mais ce que nous vous demandons dès aujourd'hui, c'est de le mettre docilement en pratique ; de recevoir avec respect et empressement toutes les leçons qui vous seront données, en attendant de pouvoir vous rendre compte de leur utilité. Dites-vous souvent : Je ne comprends pas bien ce que l'on exige de moi ; mais ceux qui ont l'autorité sur moi ne l'exercent que pour mon bien. Ils savent mieux que moi ce qui doit m'être utile, je le fais parce qu'ils le veulent. Un jour viendra, car on me l'a dit, où j'apprécierai leurs services, et où je ferai volontairement ce qu'ils n'auront plus besoin de m'enseigner. Vous avez, mes chers enfants, à témoigner votre reconnaissance au Révérend Père Abbé qui vous a rassemblés ici ; à ce bienfaiteur de la contrée, qu'aucune bonne œuvre ne trouve indifférent, infatigable à propager les meilleures méthodes d'agriculture, comme à multiplier les aumônes ; qui a fondé la première Société de Secours mutuels établie dans le département de l'Orne pour préserver les populations des conséquences de la maladie, de la vieillesse et de la mort, et qui depuis longtemps vous appelait du fond du cœur pour faire de vous de bons travailleurs et des propagateurs de ses principes. Vous devez beaucoup encore aux autorités qui assistent à votre fête, aux autorités civiles du département de l'Orne, si dignement représentées par M. le Sous-Préfet de Mortagne, à l'autorité ecclésiastique représentée par l'illustrissime et excellentissime Évêque de Séez, que vous avez appris à connaître par ses visites fréquentes et sa bienveillance paternelle, enfin à Messieurs les Membres du Conseil de surveillance que vous verrez souvent au milieu de vous pour vous encourager de leurs conseils et même de leurs réprimandes. Mais vous ne pouvez mieux faire éclater cette reconnaissance, que par votre régularité, votre docilité, vos progrès dans la vertu et dans le travail. Il faut ici plus que des paroles, il faut des actes et des actes persévérants. Enfin, vous n'oublierez jamais que l'Empereur lui-même est votre protecteur. Il vous l'a prouvé en vous envoyant ce buste que vous allez déposer tout-à-l'heure dans le lieu le plus honorable de cette maison. Oui Messieurs, l'Empereur est vraiment le fondateur de la Colonie agricole de la Grande-Trappe ; j'en peux rendre témoignage, puisque j'étais présent à l'audience, où il animait le Révérend Père à poursuivre son entreprise et lui promettait son appui, qui n'a pas manqué. Cet hommage ne saurait être suspect, car le gouvernement de l'Empereur est le seul que j'aie jamais loué en public, et je le fais parce que la reconnaissance a le droit de parler partout. Je lui dois, comme nous lui devons tous, d'avoir échappé aux conséquenses incalculables de l'anarchie. Voilà pourquoi, même dans cette contrée retirée du monde, au milieu d'une fête de famille, loin des grands intérêts de l'Europe,

loin du retentissement du canon qui gronde au Nord
et en Orient, nous répéterons ce cri national qui
résume les souvenirs et les espérances légitimes de
toutes les classes de la société :

VIVE L'EMPEREUR !

M. le Sous-Préfet a succédé à M. Gaillardin, voici
son discours :

DISCOURS

DE

M. LE SOUS-PRÉFET.

« MONSEIGNEUR,

« MON RÉVÉREND PÈRE,

« MESSIEURS,

« Il y a quelques années à peine, les penseurs qui
s'occupaient de questions pénitentiaires, regardaient
comme le résultat le plus désirable à atteindre, comme
le problème le plus difficile à résoudre, la régénération
de ces enfants sur lesquels s'étendent à la fois la loi
pénale et la tutelle de l'État.

« En effet, Messieurs, il ne s'agit pas ici de coupables, châtiés par la loi, pour inspirer au dehors une
crainte salutaire, mais d'enfants souvent bien jeunes

qui ont agi sans avoir l'intelligence de ce qu'ils faisaient et qui, pour ainsi dire, n'ont fait que passer à travers le mal.

« Il fallait les soustraire au fâcheux entourage dont les tristes exemples et les mauvais conseils détruisaient les aspirations au bien qui se trouvaient dans leur cœur ; il fallait remplacer la famille absente, effacer de leur mémoire toute trace du passé, retremper ces jeunes âmes aux sources bienfaisantes et salutaires de la religion et de la morale chrétienne ; il fallait leur donner l'amour du travail et de la vertu.

« Après ce baptême moral, il convenait de leur apprendre un état, une profession manuelle qui les mît en position de se suffire à eux-mêmes et de gagner honorablement leur vie.

« Il s'agissait de trouver la juste mesure dans laquelle doivent se combiner le régime pénitentiaire et l'élément charitable.

« Les difficultés étaient grandes ; mais, Messieurs, le problème était résolu le jour où l'on se décidait à prendre, pour point de départ, la *correction de l'enfant par l'éducation.*

« Quand il s'est agi de mettre cet axiôme en pratique, l'expérience a prouvé victorieusement que parmi les moyens employés, le système de Colonie agricole pénitentiaire devait tenir le premier rang.

« Il y a plus de gages de sécurité, pour la société, dans un régime qui se propose de former des hommes honnêtes et intelligents pour l'agriculture, que dans tous autres.

« Le spectacle continuel de la nature, ce miroir de Dieu, pénètre le cœur d'un saint respect pour le Créateur et prédispose l'âme au sentiment religieux. La vie des champs est plus propre au développement des forces physiques des enfants, à l'entretien de leur santé et j'ajoute à la conservation des bonnes mœurs, car la fatigue salutaire au corps éloigne de l'esprit les mauvaises pensées.

« Ce système atteint un double but, il améliore les enfants et donne à l'agriculture des travailleurs dont elle a si grand besoin.

« On a reconnu en outre qu'en ce qui concerne la direction de ces colonies, les institutions religieuses qui se vouent à ce pénible labeur obtiennent les meilleurs résultats.

« Entre les mains de ces congrégations dont les membres se renouvellent et qui survivent à leur fondateur, les œuvres ont l'avantage de ne pas être éphémères, dépendantes de la capacité, du dévouement d'un homme, elles ont l'avantage de n'être pas subordonnées aux accidents de la vie et de la fortune.

« Je me dégage, messieurs, de ces considérations froides et arides et je vous dis :

« Regardez autour de vous, contemplez ces âmes saintes que le ciel prête à la terre et que la terre rend au ciel ; contemplez les Pères Trappistes au milieu de leurs enfants, vénérés et bénis, voyez-les recueillir les fruits de leurs généreux sacrifices et de leur dévouement, puisés aux sources sublimes de la foi et de la charité.

« Leur bonté et leur patience enchaînent ces enfants qui sont devenus leur famille adoptive. Ici point de muraille, point de verrous ; le devoir et l'honneur font seuls sentinelles aux portes de la Colonie.

« Dans ces champs qu'ils cultivent et qu'ils feront fructifier, les enfants ont retrouvé le bonheur, la paix du cœur, le contentement de l'âme, une santé plus robuste et un avenir assuré.

« Ici on leur a donné la meilleure des leçons ; on leur a donné l'exemple ; on leur a montré la morale en action et les vertus qu'on leur conseillait, ils les ont vues journellement pratiquées sous leurs yeux.

« Jeunes colons, bénissez la main paternelle qui s'étend sur vous et lorsque, plus tard, livrés aux séductions du monde, le génie du mal s'approchera de vous et cherchera à vous entraîner dans l'abîme, songez à la Trappe, songez à ces hommes qui favorisés de tous les dons de l'intelligence et de la fortune font vœu de pauvreté, de chasteté et d'obéissance, renoncent au monde pour se réfugier dans le sein de Dieu et foulent au pieds toutes les joies terrestres, pour livrer leur âme à la contemplation de l'éternité ; généreux martyrs de la charité, dont la vie est une longue et ardente prière, et pour ceux qui souffrent et pour ceux qui ont failli. Que le souvenir de leurs vertus vous protège !

« Et nous, Messieurs, ayons confiance dans cette œuvre inaugurée sous de si heureux auspices, espérons que ces enfants dont les jeunes âmes n'ont pas eu le temps de se flétrir au contact du mal, deviendront un jour de bons citoyens, de bons chrétiens, qu'ils seront fidèles à Dieu et à l'Empereur ; espérons, car il est dit :

« Allez et ne désespérez pas : ce n'est pas la vo-
« lonté de votre père qui est au ciel qu'un seul de
« ces petits périsse. »

Après une pose de quelques instants, M. le Sous-Préfet a ajouté :

« Au nom de l'Empereur,

« Le Conseil de Surveillance de la Colonie agri-cole établie à la Grande-Trappe est composé comme il suit :

« Le Sous-Préfet de Mortagne, délégué du Préfet;

« M. l'Abbé Ruel, Curé-Archiprêtre de Mortagne, désigné par Monseigneur l'Évêque de Séez;

« MM. De Charencey et Villermé, membres du Conseil-Général, délégués par le Conseil;

« M. Faudin, Président du Tribunal de Mortagne, délégué par le Tribunal. »

———————

Depuis la fin de la messe, Monseigneur l'Évêque était demeuré assis au pied de l'autel. La Religion avait commencé la cérémonie, il était convenable qu'elle la terminât. Monseigneur ayant annoncé l'in-

6

tention de faire aussi entendre quelques paroles, toute
l'assistance s'est retournée vers lui. Les autorités et
les colons sont venus se ranger au pied de l'autel
Nous regrettons de ne pouvoir reproduire textuelle-
ment le discours de Sa Grandeur. Dès le début, il
témoignait de la bienveillance toute particulière du
Prélat pour l'institution, et des *espérances consolantes*
qu'elle faisait naître dans son *cœur*. Reprenant, avec
l'autorité d'un Évêque, les principales pensées des
discours précédents pour les consacrer par la religion,
Monseigneur a fait voir ce qu'on devait attendre d'une
éducation par l'exemple de tous les jours, et d'une
instruction professionnelle qui est la meilleure règle
des désirs et la plus solide garantie des moyens d'existence. Au nom de l'Évangile, et par le souvenir
des faiblesses originelles de l'humanité, il a relevé les
enfants de cette prévention trop enracinée dans cer-
tains esprits contre ceux qu'une première faute a livrés au châtiment public. Sa péroraison a été une
prière pour la Colonie, pour ses fondateurs, pour ses
protecteurs, pour tous ceux qui en recueilleront bientôt les résultats et comme premier gage des faveurs
célestes, il a donné la bénédiction épiscopale au
milieu d'un recueillement unanime.

Note supplémentaire, sur les *Écoles primaires Agricoles. — Elle se rapporte à la page 46.*

Cette institution mixte des écoles primaires agricoles est encore, au moins en France, généralement fort peu connue. Mais elle est en plein exercice en Irlande, dans quelques parties de l'Angleterre et en Allemagne, où l'on a réuni l'enseignement pratique à l'instruction primaire, et partout on a obtenu de cette nouvelle pratique les plus heureux résultats. Les enfants qui fréquentent ces écoles mixtes apprennent à exécuter toutes les opérations du jardinage et de la culture avec une grande précision ; ils sont aussi initiés aux soins qu'exigent la basse-cour et le bétail.

« Se figure-t-on, dit M. Valserres, en parlant de l'agriculture dans les écoles primaires, dans chaque commune, ces petites bandes, armées de petits outils, s'avançant en bon ordre sous la conduite de leurs chefs ? Ecoutez ! les voilà qui entonnent un hymne au travail ; remarquez les sentiments d'élévation qui se peignent sur leur visage. Mais les voix se taisent. C'est maintenant le tour du maître qui, chemin faisant, leur explique les faits relatifs à l'économie rurale. Les voici sur le terrain ! Admirez avec quelle ardeur ils attaquent l'ouvrage, avec quelle précision, avec quelle délicatesse ils manient leurs petits instruments : rien n'égale leur gaîté, leur entrain, et cependant la besogne marche avec une rapidité extrême. Quels auxiliaires l'agriculture ne trouverait-elle pas un jour chez de pareils élèves devenus adultes ! Quelle impulsion immense cette organisation si simple ne donnerait-elle pas à la fortune publique et au bien-être général ! »

Voici comment s'exprime M. de Rainneville : « Vingt enfants de dix à quatorze ans, armés de pelles de fer très-légères, défoncent vingt ares de terre à la suite de la charrue, à défoncer en sept heures de travail. Ce travail doit être payé à raison de 80 francs l'hectare, dont il faut retirer 30 fr. pour celui des charrues qui ont préparé le terrain ; reste 50 fr. pour le salaire des enfants.

« Le gain de 10 fr. par jour pour vingt ares, prélèvement fait des émoluments du surveillant contre-maître que nous portons à 2 fr., laisse 8 fr., ce qui donne pour chaque enfant environ 40 centimes. Il est facile de bien les nourrir avec cette somme ; et peu de familles pauvres refuseront leurs enfants à une école privée, dirigée par le curé de la paroisse, lorsqu'ils y trouveront leur nourriture outre l'instruction. »

L'intelligence des enfants que l'on occupe ainsi à des travaux légers, dit encore M. de Rainneville, se développe d'une manière fort remarquable, et une heure d'école, au retour du travail extérieur, leur profite plus que trois ou quatres heure d'étude dans le système actuel.

Pourquoi, dans les écoles primaires libres, au lieu d'avoir toujour recours à des jeux frivoles et à des exercices stériles, n'appliquerait-on pas les enfants à des travaux agricoles, qui, tout en les récréant et en fortifiant leur constitution, pourraient devenir utiles et productifs ?

Mais, dira-t-on peut-être, ne faut-il pas que les enfants prennent de la récréation et se livrent aux jeux innocents de leur âge ? Oui, sans doute ; mais soyez tranquille, ils prendront toujours assez, chez eux, les récréations de leur goût.

Cette note n'est point étrangère à notre sujet ; car une colonie agricole n'est-elle pas aussi une école primaire agricole ? Oui certes, et elle est beaucoup plus que cela ; elle est une école d'instruction et d'éducation chrétiennes et en même temps une école professionnelle pour les enfants pauvres des campagnes.

Si cet enseignement pratique de l'agriculture joint à l'instruction primaire pouvait se généraliser en France, il produirait infailliblement, au point de vue moral et agricole, les plus heureux résultats, en attachant les enfants au pays où ils sont nés, et en les fixant au sol qu'ils sont destinés à cultiver. Cette pratique aurait donc l'immense avantage d'inspirer aux enfants le goût des travaux champêtres qui leur procurent du profit, et de les empêcher d'aller se corrompre et se pervertir dans les villes.

———

Les personnes qui voudront contribuer à l'accomplissement de l'œuvre de la Colonie agricole de la Trappe, sont priées d'envoyer leur offrande au *Directeur de la Colonie*, à la Grande-Trappe, près Mortagne (Orne).

FIN.

L'Aigle (Orne). — Imprimerie de P.-F. GINOUX.